国际电气工程先进技术译丛

基于计算机平台和系统的
电源完整性设计原理和分析

［美］ J. 泰德·蒂贝妮二世 （J. TED DIBENE Ⅱ） 著

杨　兵　译

U0301283

机 械 工 业 出 版 社

这是一本着重研究电源完整性的图书。电源完整性研究的是电源转换、电源分布、电路以及封装中会出现的系统级问题。对于计算机系统，这些问题的范畴可以从小至器件内部，大到系统，同时还包括热、EMI（电磁干扰）和机械等方面的问题。本书作者在电源完整性方面具有很深的造诣，并且在硅电源架构设计和开发方面有着丰富的经验。针对工程师所涉及领域的基本知识和前沿问题的学习，在本书中都提供了详细的论述，覆盖了电源分布，电源完整性分析基础，系统级电源完整性考虑，系统的电源转换，芯片级电源等诸多内容。

本书适合从事电力电子方面研究，以及微电子领域从事电源类芯片设计，尤其是封装设计的研究人员和工程师们参考使用，对他们来说，本书将会是一本值得推荐的书籍。

北京市版权局著作权合同登记　图字：01 – 2014 – 4764 号。

图书在版编目（CIP）数据

基于计算机平台和系统的电源完整性设计原理和分析/（美）J. 泰德·蒂贝妮二世（J. TED DIBENE II）著；杨兵译. —北京：机械工业出版社，2019.2
（国际电气工程先进技术译丛）
书名原文：Fundamentals of Power Integrity for Computer Platforms and Systems
ISBN 978-7-111-61355-8

Ⅰ.①基… Ⅱ.①J… ②杨… Ⅲ.①电源 – 设计 Ⅳ.①TM910.2

中国版本图书馆 CIP 数据核字（2018）第 259851 号

机械工业出版社（北京市百万庄大街 22 号　邮政编码 100037）
策划编辑：江婧婧　责任编辑：翟天睿
责任校对：刘　岚　封面设计：马精明
责任印制：张　博
三河市国英印务有限公司印刷
2019 年 1 月第 1 版第 1 次印刷
169mm×239mm·13.5 印张·254 千字
0 001—2 500 册
标准书号：ISBN 978-7-111-61355-8
定价：85.00 元

凡购本书，如有缺页、倒页、脱页，由本社发行部调换
电话服务　　　　　　　　　　　　网络服务
服务咨询热线：010 – 88361066　　机工官网：www. cmpbook. com
读者购书热线：010 – 68326294　　机工官博：weibo. com/cmp1952
　　　　　　　010 – 88379203　　金 书 网：www. golden – book. com
封面无防伪标均为盗版　　　　　教育服务网：www. cmpedu. com

译 者 序

电子电路的发展日新月异，随着电路的工作频率越来越高，对电源也提出了更高的要求，电源完整性问题变得日益重要。电源完整性作为一个系统性研究领域，包括电源转换、电源分布分析、电路分析，以及封装/板/硅系统分析等。

本书首先介绍与电源完整性相关的基本概念，其次重点介绍电源转换器件和相关的电磁学理论、系统 PDN 分析、电源及负载的建模、电源完整性中的噪声和电磁辐射问题，以及互连和封装中需要考虑的问题。与市面上同类书籍的不同之处在于，本书的目的是关注一些基本的原理，使读者建立起解决一个基本的电源完整性问题的概念，而不是在了解一些基本问题之前借助 CAD 工具来建模。此外，作者在半导体行业从业已久，在电源与信号完整性设计方面有相当丰富的实践经验，使得本书不仅对于传统电力电子领域电源完整性教学和科研有着重要的意义，对于微电子领域电源类封装和设计也有着同样重要的意义。

此外，感谢机械工业出版社编辑的支持和帮助，在此谨致谢意。

由于译者的水平有限，本书可能存在一些翻译不当之处，欢迎读者提出宝贵的修改意见和建议。

北方工业大学　杨兵

2018 年 9 月

原 书 序 言

　　硬件方面的发展使得计算机运行的速度越来越快，并且使得功耗持续不断地增加。计算机系统的成功开发需要对其硬件进行精心的设计，使寄生的模拟效应不会严重影响系统的性能，尤其是对于运行在具有高时钟速度和高功耗要求的系统。对于理想的数字硬件系统来说，设计主要包括三个方面：信号完整性（通过合理的设计以确保信号波形具有足够的完整性）；电源完整性（通过合理的设计以确保提供给有源器件的电源质量）；以及电磁干扰/电磁兼容（EMI/EMC）问题（通过合理的设计以确保数字系统的无线电频率不会违反保护公共电波的国际管制规定）。通常情况下，这些设计规程和数字硬件系统的具体设计中都存在大量的重叠区域，每一个规程的发展都经过了长期的研究，为了更快速、更高效地推动电源硬件的发展，需要各个领域的设计技术和设计方法的不断发展来支撑。

　　本书主要基于物理原理的设计，针对电源的完整性问题提供一个从入门到进阶的基本方法，而不是详细地介绍如何进行数学建模。本书的特点就在于它不是介绍如何建立一个复杂的数学模型，而是根据一些基本的原理，使读者建立起如何解决一个电源完整性问题的基本概念。另外，作者在集成电路封装和集成电路芯片的电源完整性方面具有丰富的实践经验，而书中关于这些内容的介绍为关注这方面研究的同行提供了有意义并且值得信赖的内容。我特此向读者推荐本书，并希望它获得成功。

JAMES L. KNIGHTEN 博士

Teradata 公司硬件工程师

IEEE 会员

San Diego，CA

2013 年 7 月 25 日

原书前言

本书是一本关于电源完整性的书籍，它主要针对大学本科阶段的学生和刚进入电源完整性领域的工程师。本书假定读者已经具备电磁学和一些基本的电源转换方面的背景知识。同时，书中也涵盖一些连工程师们都可能不了解的基本概念。本书还假定读者已经具有使用各种工具的经验，如使用 SPICE 和数学程序进行电路分析。本书的目的不是教授读者建模的方法，以及如何使用不同的场解算器（通过网络或在大学图书馆可以很容易地搜索到有关这些内容的好书）。本书的目的是关注一些基本的原理，使读者建立起解决一个基本的电源完整性问题的基本概念，而不是在基本了解之前借助 CAD 工具来建模。因此，这里的目标是专注于解决问题的工具和方法，而不是解决问题的方案——这是许多好的 CAD 软件所擅长的。

因此，本着这种精神，本书的撰写针对以下几个目标：首先，利用基本的分析工具来介绍电源完整性的概念；其次，每一章的结构随着内容的进展，其复杂性逐渐增加（对大部分内容来说是这样）；再次，强调在不使用高级软件的情况下解决问题的能力，使得读者在开始一个复杂的建模之前先掌握基本的概念；最后，从系统的角度介绍电源的完整性，而不是仅仅关注网络分析，这似乎是很多关于电源完整性的书籍在讲述过程开始或结尾会简单提及而并未深入讨论的内容。读者会发现本书很好地完成了这些目标，书中的相关内容是很有价值的。

致　　谢

　　多年来我得到了很多人的指导，我在这里对这些一直指导和帮助我的朋友们表示衷心的感谢。还有一些没有被提及的朋友，同样向你们表达我的感激之情。

　　感谢 Wiley 出版社的编辑们在我妻子生病期间给予我耐心的帮助，使得本书得以按计划顺利出版。感谢我的两个良师益友 David H. Hartke 和 James L. Knighten 博士这些年的信任和指导，以及对本书前言和内容的建议。对 Keith Muller 博士的感谢我真是无法用言语来表达。感谢 Clayton R. Paul 博士对我的信任和支持。感谢我的朋友 Joseph S. Riel 多方面的知识和见解。感谢 Jack Shemer 博士给予我很多关于商业方面的指导。感谢和 David Hochanson 博士的促膝长谈。感谢这些年 James L. Drewniak 博士的帮助和见解，以及 UMR 团队。感谢我的朋友和顾问 Kevin Quest 博士。感谢 Henry Koertzen 博士在电源技术方面的渊博的知识，以及在本书内容上给我提出的建议。感谢我与父亲和妹妹的交谈。感谢在英特尔公司的朋友 Bob Fite 和 Ed Stanfored。感谢我在英特尔公司的团队。感谢我儿子的耐心，尤其是那些我们不得不错过的夜晚。最后，本书要献给我的妻子，尽管面临过一段非常艰难的时期，但我们仍奇迹般地、优雅地挺过来了。在这里，我要感谢你们所有人，包括那些没有在这里一一提到的朋友们。

目　　录

第1章 电源完整性介绍

本书将探讨电源传输到现代微处理器和其他相关高速硅器件的设计概念，如今这个领域被称为电源完整性。本章将提供在这个领域中推进电源完整性分析平台需求的背景知识。除了使它们运转的电源或转换器外，该平台实质是有多个硅器件的计算机电路板。本书将仔细研究电源转换的问题，特别是当它应用在电源完整性工程的相关领域时。对于计算机系统，电源转换主要是在 DC – DC 转换区域。后面的内容将讨论与电源完整性分析相关的电路和场论、建模、电源传输网络（Power Pelivery Network，PDN）和边界的分析，和其他系统的考虑，以及最终的系统噪声、负载线和与测量技术相关的领域。最后一章将介绍硅电源完整性，以及一些先进技术的相关话题，因为现在关于硅级电源以及硅和封装电源传输的相关问题引起了越来越多的关注。

在本章中，电源完整性是根据 PDN 的路径定义的。路径和它们所有的元器件都包括电源完整性（Power Integrity，PI）区域。本章将给出一个电压和电流随着时间推移（以微处理器为例）而变化的历史回顾，以展示硅如何成为当今对基本电源完整性分析需求背后的驱动力之一，还将对第一原理的概念进行讨论，因为利用已知的方程和电路分析有助于在开始使用数字工具进行复杂建模之前深入了解复杂的问题。讨论电源分布的局限性和界限时，会覆盖如今许多先进元器件的电路限制（噪声敏感度和硅工艺技术），这会影响结果的准确性。

1.1 电源完整性的定义

作为一个研究领域，PI 包括电源转换、电源分布分析、电路分析，以及封装/板/硅系统分析，但 PI 不仅限于这些话题。PI 工程师也应精通热学和机械方面的基本技术，需要解决的一些问题可能包括这些和其他会影响所研究系统的学科部分。一个简单但有所限制的定义如下：

电源完整性，是指在一个电子系统内研究从源到负载的电源传送效力。

如今，精通其他学科的 PI 工程师需要在他们的分析中考虑系统的源、负载和路径。过去，PI 工程师通常会排除一个系统的源和负载部分。这是可以理解的，因为许多 PI 问题只集中于电源分布路径。然而，如今具有硅负载和电源的知识使得 PI 工程师能够充分理解他们所面对问题的复杂性。相反，许多电源转换工程师需要跨越到 PI 领域来解决他们领域涉及的问题。因此，为了更好地解决他们的问题，不同学科的工程师经常会定期进入彼此的领域。

如图 1.1 所示，主要电源是电源转换器。这是在服务器主板上的一个典型的 DC – DC 转换器类型，形成一个跨计算机平台。这个电源转换器在分析中通常被忽略。电源转换器主要用来滤除一定量的去耦并进行电荷存储。在图 1.1 中的是 PDN 或电源分布网络。PDN 通常包括从印制电路板一直到硅级的无源元件。包括所有的去耦和互联，从电压调节器的输出到负载，印制电路板和/或设计封装是 PI 工程师在过去所关注的。随着新的系统变得更加复杂，PI 工程师必须经常优化硅级平面无源和有源元器件的性能，所以还必须考虑电路负载。注意图 1.1 所示为一个电路负载行为的示意图。这是因为所有可能的条件下，负载晶体管的实际行为建模几乎是不可能的。然而，PI 工程师需要负载行为的知识来完成他们的工作，并且 PI 工程师必须与硅级的开发团队紧密合作以收集必要的数据执行分析。

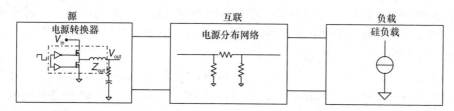

图 1.1　电源完整性的研究领域及其影响的范围

对于 PI 工程师，在研究的开始，需要考虑很多的复合元器件。这些往往是热甚至机械问题导致的传送问题。然后由 PI 工程师在 PDN 中重新设计滤波器结构，结合板级和硅级的团队，以确保电源传送路径的有效执行。这样的分析需要板级的布局知识，其元器件、电源、负载特性、设计封装、噪声耦合到其他平面、EMI（电磁干扰）的问题，以及其他可能有助于（潜在的）PI 的建模结果项。用于分析的假设是 PI 工程师的一个主要职责，而在下一章将详细探讨这些假设。

1.2　电源完整性发展的历史回顾

电源分布路径分析的想法不是新出现的。20 世纪 20 年代，工程师们一直致力于电源线上的电压和电流的测量概念[1]。然而，直到最近，在计算机中先进的 PI 技术的需要一直没有实现。从几乎没有 PI 分析需要转变到如今几乎每一个开发平台都需要这一转变比许多技术专家所能意识到的更为戏剧化。虽然噪声、EMI 干扰和信号保真度是系统设计师关注的传统领域，需要先进的 PI 分析，但相对微处理器的到来，这仍然是一个全新的概念。如今很多会议上相当多的时间都在关注过去几年大量相关主题的文章。这种趋势背后的主要因素是一个系统度量的极点，即更严格的电压和电流的要求，电压轨扩散的增加（到硅的内部和外部），在平台和硅的信号密度的一个戏剧性的增加，以及器件和平台的成本压力等。由以前的问题证明许多这些进展显然是依赖于平台的。这个问题虽然因每个平台的类型而不同，例如电压的增加和电流与电压的要求可能是服务器平台的主要问题，而如今在台式电脑、笔记本电脑或平板电脑中成本通常是最主要的。然而，它们之间的问题非常类似，并且需要对目前工艺水平有一个更深的了解。

在过去的 20 年里，一个非常戏剧性的变化发生在对硅电源的要求中。在源电压的相对快速下降以及在这个时间传送到硅的电流突然增加，有必要特别严格地检查电源输送路径，特别是对复杂的器件，如微处理器[3]⊖。图 1.2 所示为在过去的 20 年期间微处理器的电压随时间下降。电源电压的变化是有很多原因的。首先，随着复杂性和晶体管密度的增加，对器件的功率也需要增加。这有必要使电压下降到有助于降低器件的整体功率。其次，随着硅工艺尺寸的缩小，需要降低器件电压以防止它们损坏。因此，和其他因素一样，制造约束和器件物理也推动了减少这些器件电压的需要。这反过来又推动了电源变换器行业效仿，为这些复杂器件提供合适的电源[2]。然而，在图 1.2 中可能有些误导。在过去 10 年，这些器件电压已经降低了。不过，如今许多高性能硅器件和片上系统（System on Chips，SoC）器件是高度集成的，这意味着在它们中除了处理单元，还有其他功能单元。因此，图 1.2 表示最近几年硅部件，仅仅是处理器件的电压趋势。例如，许多处理器具有多个处理内核、IO、内存、显卡，以及电源管理单元。这里的含义是最高性能硅芯片现在需要不止一个电源电压来运转这些不同的单元，以及对这些单元的大多数电源轨要求有不同的电压。

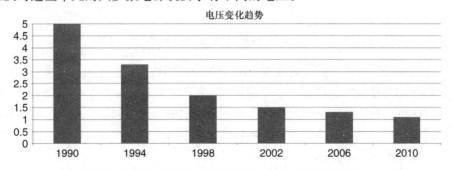

图 1.2　在过去的 20 年期间微处理器电压的变化趋势

另一个值得注意的重要发展是如今使用的较低的核心电压仅仅是与 20 年前

⊖　这种趋势不仅限于微处理器，许多其他的高性能器件也工作在相应的电压水平下。

相比，这一改变导致了 PI 分析的崛起。如今，大多数的核心电压处于或低于1V。这意味着，即使是电源总线上最小的噪声电压也可能影响函数运算并导致数据损坏。20 世纪 90 年代，提供给处理器（或高性能计算设备）的 5V 电源轨通常规定容差为 ±5%，或 ±250mV。随着时间的推移，该电源的容差如今下降到只有 ±1%。最复杂的器件要求严格的规定以确保正确的频率和工作效能。如果电源电压变化超过 500mV 的范围（±250mV），则一个 1V 电压轨的电压容差如今会达到 ±25%。显然，器件工作在这样的条件下是不可能的。因此，噪声幅度（必要的）需要随着电压源降低而缩小，以确保处理器的正常工作。这使得PI 工程师的工作变得更加重要。

在这同一时期电流也发生了一个有趣的变化，如图 1.3 所示。电流用对数曲线表示增长的变化。注意到在过去的 10 年，峰值电流⊖大小的增加超过了两个数量级⊜。这一变化使得单独的团体乃至整个公司都来帮助解决影响到主板和处理系统的大电流分布问题⊜。在电源系统中，这一变化需要更多的专业知识与 PI分析。

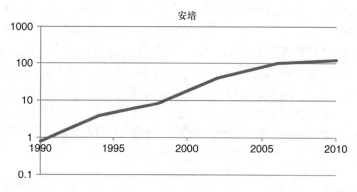

图 1.3　在过去 20 年间高性能硅峰值电流的变化趋势

图 1.4 所示为这一演化的过程。20 世纪 90 年代，典型的个人电脑采用非彩色屏幕（尽管那时彩色屏幕已经在使用），一个在桌下的大 ATX 机箱和一个大的点阵打印机。在办公室里的无线通信是不可用的或仅仅刚开始。如今，许多人在他们的职业和个人生活中，用平板电脑或智能手机进行交流。互联网也彻底改变了人们对电子系统的使用。

⊖　这种趋势并不代表是连续的或稳态的电流变化。这些通常都低于峰值电流。

⊜　电流变化趋势的数据高度依赖于特定的器件而不代表所有器件。这种趋势与制造和通常的考虑是无关的。

⊜　许多公司专注于提供 CAD 软件用于分析的目的。互联网上关于 PI 主题的一个简单搜索就能揭示这些内容。

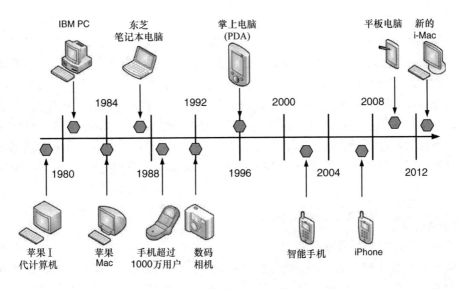

图 1.4　现代计算机的演化

在图 1.4 中没有显示在同一时段硅的演化。在这个时间窗口摩尔定律仍然成立，在计算硬件中晶体管的数量每 18 个月增加一倍。无疑，随着晶体管密度的增加，需要高质量的电源为这些晶体管供电。

过去 20 年出现的通信和计算机的融合已经改变了人们日常的生活方式。这种变化也促进了作为一个独立研究领域的 PI 的发展。而在许多方面，PI 领域是很新的，预计在未来数年内将稳定增长，满足硅和平台的电源传输的进展。并且随着技术的进步，将需要训练有素的 PI 工程师。

1.3　第一原理分析

随着计算机的发展，运行在计算机系统的软件也得以发展。对于开发人员或工程师，具有更多的选择和方法来分析复杂问题的建模要求也变得越来越复杂。在过去 20 年里，利用 SPICE 或具有先进模型来求解电磁场的数值求解程序的 CAD 工具大幅增长。事实上，如今更多的工程师已经在很大程度上依靠这些工具来解决 PI 问题。

此外，在当今世界快节奏的研究和开发中，工程师面临着需要一个在其他领域的强大背景来解决复杂电路的问题，也就是说，尽管事实上他们现在可以使用更复杂的工具，但工程师无法绕过这个更深层次的学习和目标仿真所投入的努力，最终提供一个令人满意的、符合规定期限的解决方案。在分析过程中，结果往往是错误的（或小于最优解），更失去了在最后的时间内找到一个基于最初仿真的更合适的解决方案。那些从学校毕业的过分依赖可用工具而较少依据基本原理解决困难问题的工程师很快就会觉得沮丧。

然而，责任不在于 CAD 公司或是他们的工具很容易生成数据。往往是专业的工程师缺乏分析技能的训练。

对这个问题有一个很好的解决方法。在大多数情况下，开始一个详细的建模和仿真前，看似过于复杂的问题可以通过针对该问题第一原理的理解而解决。这并不意味着问题的最终解决方案比数值建模有任何的简化，它只意味着对问题的估计和边界（最初的）会引起对问题的更深入理解并因此得到一个更有效的解决途径。

 1. 3. 1　解决电源分布问题的步骤

第一原理的分析是使用基本方程和物理理论（工具工程师在他们的培养中遇到的）来描述问题的一种简单方式，然后使用这些工具来解决问题。通常的数学表示是用来描述问题的精确方程近似。因为这个原因，理解相关的数学知识是很重要的。事实上，许多复杂的问题可以通过使用笔和纸，一个简单的表格或一个数学程序而迅速解决，从而使工程师快速洞察问题解的边界。为了洞察所关注问题的解，工程师将使用第一原理求解相关的问题。

而结果通常是一个实际解的近似，对于最初的分析它们是令人满意的。

而不变的是，要获得一个复杂问题合理结果的关键包括两个方面：第一，假设必须在物理行为的界限内；第二，必须理解前面物理和数学模型的局限性。用第一原理的方法解决问题的步骤很简单，并且在学校和职业中已经被工程师使用多年，虽然可能不知道这个术语。下述步骤是求解一个简单的交流电路，或依赖于频率的 PI 分布问题。然而，同样的方法可以用于任何工程问题。

1）确定希望实现的结果（这是一个阻抗分布？滤波器的分析？期望的输出是什么?）。在这里，目的是获得在一个给定带宽下的交流阻抗。

2）确定涉及分布组件的相对位置和彼此的相对尺寸。通常，这意味着描述问题的示意图和/或剖视图。对于这个问题，各种分布网络的截面可以由放置的网络"视图"组件画出。

3）创建该问题的一个简单示意图。如果问题太麻烦或太大，则可以把它分成许多小部分而每次分析一个小部分，然后将它们组成一个较大部分并重新分析。在这里，画出网络组件（R、L 和 C）。

4）从已知量开始，填写示意图中的值（如电容）。

5）从基本方程提取互连值并将这些添加到示意图来完成它。在这里，可以使用本书后面内容中的工具来提取这些值，这通常是精确值的近似。检查以确定是否每个近似对于期望的估计是令人满意的。

6）使用简单的手工计算、数学程序或使用 SPICE 确定解决方案，然后检查结果。

7）检查简化的数据。通常这意味着查看电路的短路或开路部分的结果是否讲得通。这不总是保证假设或分析是正确的，但它是对数据的一个很好的初步检查。

这个第一原理方法对大多数问题如最小修正的时域分析是有效的。它也可以结合从其他程序中或出版的文章等处得到的数值结果。不管怎样，需要做出一些简化使得将这些从第一原理的步骤中得到的简单模型和数据联系起来。

这七个步骤本质上是科学方法的一个变化形式。显然这个过程不是新的。这些步骤将减少仿真和建模使用的迭代次数，因为它们在分析过程开始时给工程师提供强大的基础并给出一些对早期假设改进的见解。本书后面的内容将讨论一些支持这个过程的其他工具以及一些用来说明的例子。这些都是假定读者具有前面所说的用于求解 PI 类型问题方程的基本知识。本节其余部分构成了贯穿本书分析的基础。

应当指出的是，这里不打算用第一原理的方法代替详细的数值建模。主要目的是展示一个强大的分析基础如何帮助 PI 工程师利用这些额外的技能更有效地解决问题。

 1.3.2　解析和数值方法的局限

数值建模广泛地用于 PI 工程，而先进的 CAD 工具，如 SPICE（电路模拟器）、麦克斯韦方程（场求解器）和数学工具是工程师工具箱中的重要组成部分。而近来，工程师一直过分依赖于这些工具，而没有了解它们的局限性。许多 3D 建模工具基于有限元法或有限差分/体积法。此外，在过去的 10 年间，在 PEEC（部分单元等效电路）方法中看到了长足的进步。所有这些方法都有其优点和缺点（通常围绕着精度、收敛性、时间和成本）。它们面临的主要问题是在工程师建模时所做的假设之中。此外，与用户正确运用工具的能力相比，工具本身是不成问题的。而这些方法所有的边界条件均超出了本书的范围，建议读者阅读第 3 章，其中对一些方法进行了讨论。这里，给出在利用第一原理的方法和使用这些工具报告数据时的一些基本警告。

目前，对 PI 工程师能做的分析存在着限制。这在很大程度上取决于建模约束，如进行分析的软件和假设的准确性。由于系统变得更加复杂，所以需要有更好、更准确的成套工具。对一个问题建模时，PI 工程师最感兴趣的是电路结构的物理表示，这样问题就变成了如何用简单的无源元件精确地表示复杂的电磁行为。对于大多数问题，一个简单的电路近似是足够的。例如，一个电路寄生电阻、电导、电感和电容的提取至少在分析的开始可以用第一原理的方法进行。然而，在更复杂的情况下，需要先进的建模工具充分地提取值。这使得工具和工具采用的假设变得重要。

在进行可能需要数周甚至数月的详细建模分析之前，评估工作精度的边界以及是否足以满足给定目标是一种好的做法。通常，工程师从软件开始，然后确定他们工作的假设是不正确的。图 1.5 所示（通常）问题的精确范围以及在工艺流程中某一点的精度限制是有效的。通常，第一原理分析（图 1.5 中的 A 点）将产生一个 50% 准确度的解决方案，即如果精确的解是 2×，则预期准确度的最坏情况将在 1× 和 3× 之间。这应该是开始一个问题时 PI 工程师的目标，如电源分布网络的分析，以确保结果的准确性得以很好的理解。此外，令人意外的是，对许多工程难题即使第一原理分析往往也是绰绰有余的。还有，如果执行第一原理分析，则工程师应检查所采用方程的精度，以确保它们在这些边界内。如果方程是估计在几何路径上元件的电感，则这应该是前面所说的并且要注意在这一点上积累的统计误差应与其他元件一样。作为模型构建阶段的一个进步（B），预期的准确度通常会提高，因此这里预期的误差为 25% 或更好。分析了这一点后，评估是否需要更多的信息来对一个特定的项目做出决策通常是有益的。如果要求更高的精度，则工程师将继续测试和验证阶段（C），那里同样存在公差，但至少 10% 的精度是足够的。接着利用动态负载工具及其他测试设备来验证数据以确保负载是准确的。工程师有时可以绕过前一个步骤直接跳到下一个步骤（假设在分析中前面步骤的数据是足够的）。

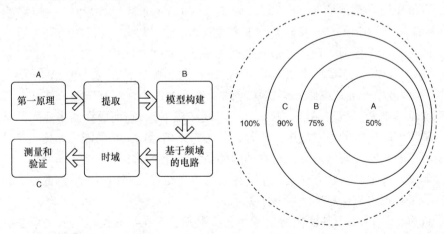

图 1.5 电源完整性问题的解空间的范围和准确性图

不幸的是，在实践中工程师报告的数据常常基于不准确的假设和分析。例如，假设在一个 PDN 电路中，要求一个 PI 工程师报告时域瞬态分析的下降偏差。作为这个检验的一部分以及以如下的方式报道数据，对工程团队来说并不少见：工程师完成分析，然后召开一个会议；然后为了与团队共享数据，工程师以一定格式（如一个幻灯片）编写数据；最后的结果用基于 SPICE 建模和 3D 提取的寄生参数的数据进行报告。

$$\Delta V = 7.849326\text{mV} \tag{1.1}$$

可能出现的第一个问题是：这个数有什么错误？不难看出，这种类型的报告是完全错误的，但往往都是这样表示数据的。首先，根据图 1.5 所示的球形尺寸，这样的精度是不可能的。显然，期待的公差最多在 25%。工程师首先必须对这个问题进行一个简单的量纲分析。这样，该值有一个精度范围，即使仿真是完美的。新的数只是基于已知的元件公差（甚至不考虑其他潜在的误差），那么

$$\Delta V \approx (8 \mp 2)\text{mV} \tag{1.2}$$

即使在仿真中没有错误，假设是正确的，条件是正确的，建模也是完美的，这也将是工程师的出发点。有人可能会认为，如果数据是以这样的方式报告，那么团队开始会面临一些问题。不幸的是，团队审查数据而不质疑其准确性是很常见的，因为它来自于工具，当然，工具并不总是正确的。在这个过程中直到最后，许多工程师都没有质疑数据，甚至经常直到实验室的测量数据返回才发现主要的数据和仿真有很大的不同。此时，在结果中总的误差会耗费更大的成本、时间和资源来纠正。而对于数据的所有者以及那些可能需要信息的，这就成了问题。此外，以这种方式报告数据缺乏一定的说明，尽管第一次检验时它看起来可能相当好，但在分析中遗漏了一些非常基本的数据将导致一个评论者质疑结果的事实。对现有模型，通过检验，会产生如下一些问题：

1）如何对单个元件进行建模？在模型中对于每个寄生参数的接地参考位置的假设是什么？

2）每个寄生参数的公差是多少？例如，如果它是一个平面电感，那么使用的介质厚度公差和温度（机械膨胀）是多少？在模型初始设置中假设什么样的边界条件和联系？

3）对于 CAD 程序，设置的网格大小和收敛标准是什么？它需要多少次迭代？运行仿真来确定期望的精度之前，工程师要进行精度假设吗？

4）在 SPICE 的设置中，采用的时域步长是多少？可以将 PDN 划分到一个足够小的集总元件，使之与步长没关系吗？

5）是否分析检查每一个现有的分析，以便通过从测量或已知的仿真运行中得到的基线能用来验证结果吗？

这个列表可以继续。这些都只是一些在实际检验过程中出现的问题。

这里 PI 工程师的工作就变得很重要（对普通工程师也一样），确保对问题进行适当的准备工作。应将清单结合在一起以防止在提供这些数据时出现错误。在建模和分析的过程中，以下一些基本的步骤是有用的：

步骤1　从现有类似的分析开始（如一个已知的 PDN）并在给定约束的情况下查看该下降事件的结果。大多数其他工程师也走上了类似的道路，并来到了一个很好的起始点，甚至可以使用它们最初的模型。

步骤2　检验所有的寄生参数，把这些放在一个表格中而分别查看每一个的公差是一个好的方法。公差可以用于随后的 SPICE 分析。

步骤3　在 PDN 上执行第一原理的分析，以确保至少从一个集总元件的角度来看，数据是有意义的。确保很好的理解第一次通过的准确性是一个粗略的，但最终结果是合理的近似。例如，如果这个分析的下降结果是 100mV（峰峰值），这就表明 8mV（峰峰值）的初步仿真可能是有问题的。

步骤4　正确建立 3D 建模工具，并再次在可能的情况下查找已测量数据的类似提取结果。3D 建模假设的建立往往会导致严重错误，从而严重影响最终结果。

步骤5　运行基于每个器件公差的仿真并导致系统的产生。这意味着，工程师应至少运行两种边界情况，除了标称情况下。这会给出预期的结果范围。

这些基本步骤包括一个解决任何问题的常规方法。然而，通常发现工程师会错过报告数据时的一些基本步骤，以及在假设中出现的一些错误。在这个例子中深入一点研究表明结果的实际元件值和公差，以及工程师的假设，可能有相当大的不同。这并不罕见，事实上，将第一原理应用于前面一个实际例子推导的结果，重新运行分析得出以下数据：

$$\Delta V \approx (42 \mp 13)\,\mathrm{mV} \tag{1.3}$$

注意在第一次报告中发生以下遗漏的步骤：在最初情况下的尺寸数和实际的报告结果具有误导性并导致错误的结果。此外，建模的假设工作是不正确的。这就是为什么数据生成过程必须仔细审查，以及时得到准确的解空间。

如同所有的分析，适当的数据表示和假设不只是工程师必须面对的问题。特别是对 PI，理解环境对电源路径的影响也很重要。

开始复杂和详细的分析之前，PI 工程师必须考虑边界条件。边界通常集中在求解空间的带宽周围。求解 PI 问题的带宽与应用和问题高度相关，但大多数问题的频带范围在低频至 1GHz 之间。这是一个很宽的范围。此外，许多噪声相关的 PI 问题具有谐波，从而延伸到这个范围及以外的也必须考虑，特别是在硅级。有人可能会说，在硅中，PI 的频率将扩展到射频范围。然而，大多数问题都落在指定的带宽。

总之，对 PI 工程师来说，关键的是要在仿真之前评估问题正确的边界。这通常会涉及执行一些基本的计算，采用手工或电子表格。所做的是设置下一阶段分析的复杂程度并明显地加快这一进程。也就是说，如果已知预期结果的准确性，那么建立以一定的速率采样并通过一个给定带宽的程序通常会减少处理时间。对边界问题的理解会得到一个更有效的和及时的解决方案，最终让工程师成为一个更有效的开发者。本书第 4 章将提供一些更为彻底说明这一过程的具体例子。

1.4　本书所涉及的内容范围

本章给出了基于计算机平台一些关键指标的讨论，以及如何推动 PI 并发展成为一门独立高深的学科。引入了边界条件的问题以及在 PI 中与电流建模工具相关的限制条件。然而，电源完整性的频率范围将随着接下来几十年的发展而增加，因为这是一个不断变化的环境。

第 2 章将回顾用于计算机系统平台的电源转换器件。讨论必须是简要的，因为对学生而言有许多关于该主题的优秀教科书。因此关注的是涉及 PI 的电源转换，而不是设计。包括降压型电源转换和线性稳压器如何工作的基本原理。讨论包括如何计算功率损耗和滤波器的工作，电源开关随电感和驱动器如何工作，一些控制器的基本知识，以及如何进行电流和电压的检测操作。为后面内容要讨论的负载线和其他话题提供基础。由于在电源转换行业中平台的电源转换也取得了进展，因此书中对一些先进的主题进行了简要回顾，即多相和抽头的电感拓扑结构的耦合电感。第 2 章最后将讨论平台级的电源转换，从而使读者对 PI 领域的源模块有一个基本的了解。

第 3 章将回顾电磁和电路基础知识。在后面的内容中，对使用模型基础的关键结构的电路提取实例进行介绍。简单的第一原理的分析对于 PI 工程师是有价值的。包括一些额外的领域，即电源平面提取，这是 PI 工程师经常会遇到的一类问题，是在软件程序中通常使用的基本建模方法。对这些问题中任一个要给出正确的理解，需要参考很多教材，所以读者可以参考本章后面的参考文献获得进一步的理解。

第 4 章将介绍系统 PDN 分析。对 PI 工程师来说，这是电源路径中间区域。PDN 内是依赖于频率的阻抗网络分布，而这些介绍强调了使用第一原理来分析它们的结构。介绍的一些额外的工具主要是关于印制电路板和封装结构的，因为领域分析将根据网络所关注的部分而发生变化。为了补充分析，将讨论连接器的互连，强调插座型连接器，而特别是接触电阻以及在整体的 PDN 中如何处理。本章最后详细讨论了解耦的基本原理。这将给 PI 工程师提供一个有关系统的最专业的领域。

第 5 章将讨论源和负载的建模问题。重点讨论负载，因为在第 2 章涉及大量的源。重点是动态源建模的基本方法。掌握本章的内容将使工程师能以电压总线下降分析为中心，为时变建模生成充分的完整路径表示。这可能是 PI 分析中最重要的指标。对闭环和开环的方法进行了讨论并利用在 SPICE 中降压变换器建模。在下降分析后，在讨论限制整体电源下降预算中重新考虑整个链路路径的分布路径损耗。最后给出一个阻抗边界的分析方法，包括一个与频率相关的表示形式，以便更完整地用数学观点表示电压下降函数。

到目前为止，书中内容覆盖了 PI 领域的主要原理。在第 6 章关注点随后转移到系统的考虑，将介绍电源负载线的重要问题。电源负载线涉及分布网络和电源转换器。接下来，包括信号噪声和电源噪声对电源平面耦合的增强以及它是如何产生的。下一个领域讨论在 PCB 的噪声和信号表示，在封装和硅级关注不同的技术，可以减小平面噪声耦合和改善 PI 分布路径。第 6 章以不同的 PI 测量技术而结束。

第 7 章将对硅和封装级电源分布和设计的未来进行介绍。讨论包括在硅器件内的电源输送路径分析和与 PDN 相关布局和路由问题。在器件中例如先进的处理器和 SoC 器件相对频率随相关尺寸的依赖关系进行了讨论。

参 考 文 献

1. Carroll, J. S., Peterson, T. F., Stray, R. Power measurements at high voltages and low power factors. *Trans. American Institute of Electrical Engineers*, 1924.

2. Stanford, E. Microprocessor voltage regulators and power supply trends and device requirements. *Proc. Int. Symp. Power Semiconductor Devices & IC's*, 2004.

3. Kwangok, J. A power-constrained MPU roadmap for the international Technology Roadmap for semiconductors (ITRS). IEEE SoC Design Conf. (ISOCC), 2009.

4. Singh, D., Rajgopal, S., Mehta, G., Patel, R. Technology Roadmap for Semiconductors. *IEEE Journals and Magazines*, 2001.

5. Tiwari, V et al. *Reducing Power in High-Performance Microprocessors*. Santa Clara, CA: Design Automation Conf; 1999.

6. Sullivan, D. M. *Electromagnetic Simulation Using the FDTD Method*. IEEE Press, 2000.

7. Reddy, J. N. *An Introduction to the Finite Element Method*, 2nd ed., McGraw-Hill, 1993.

第2章　电源转换平台介绍

正如在第1章中所讨论的那样，PI 是一个涵盖广泛的学科。一个重要的学科领域是电源转换，这个领域如图1.1中最左边模块所示。电源转换，即使只关注 DC – DC 转换，也是一个复杂而涉及面广的问题，而要做到合理地解决也需要多年的研究经验。这就是为什么关于这个问题有许多优秀的文献，在这章结尾推荐了一些参考文献[1]。因此，电源转换的深入讨论（即使局限于计算机平台）也远远超出了本书的范围。

然而，这一主题的介绍对那些研究 PI 的专业人员来说很重要。首先，理解源边界对 PI 工程师是很关键的。如果对电源转换器的行为没有一个基本的了解，那么是不可能跟踪在时域或频域相关效应的。此外，当本书讨论其他主题时，读者需要具有电压调节器工作的一些基本的知识，当对建模和噪声的主题进行讨论时，这一需要将变得尤为明显。此外，PI 工程师需要具备关于平台的内部工作更广阔的知识，而不仅仅是负载和源之间的分布。PI 工程师往往需要了解源如何驱动 PDN。许多这样的学习来自于与电源转换器设计师的相互讨论，本章将有助于了解计算机平台转换，使得对系统 PI 问题的整体方面有一个很好的了解。

如今计算机平台的效率和功率损耗往往是工程师面临的关键指标之一，而不仅仅是电源转换器设计师所面对的。因为能效是现在大多数电子系统优先考虑的问题。对于 PI 工程师，在一个完整的电源传输解决方案中，包括转换器和 PDN 对于什么导致了这些损耗，具有良好的基础知识是处理一些更困难问题的关键。尤其是 PI 工程师首先要确保 PDN 是能量或电源效率。

总之，本章将介绍电源转换，主要关注转换器基本功能的认识。DC – DC 转换将重点关注降压转换器的工作⊖。这是因为降压转换器是迄今为止在计算机平台上最常见的转换器。在这一章中给出的几个例子将计算说明电源转换工作、电源效率及平台的功率损耗的影响。

2.1　电源分布系统

在这里实际关注的是计算机平台上两种主要类型的电源分布系统，即集中式

⊖　AC – DC 转换工作通常是在主板以外进行的，虽然这是一个重要的话题，但除了简单提及外，不会在本书中探讨。

系统和分布式系统。集中式系统是一个集中在一个区域的电源转换，而电源分布或每个互连，扇出都在这个区域。在一个特定的位置只能有一个至几个转换器和/或一个单个的功率器件，如进行主要转换的电源管理集成电路（Power Management Integrated Circuit，PMIC）。另外，一个单个的电压轨可对集中的模块供电。这个系统在小平台更为常见，如平板电脑和智能手机的分布网络距离更小，而电源轨的性能（速度和电流的幅值等）与高性能平台相比，通常不太严格（如服务器）。一个分布式电源系统是电源转换延伸至整个板子，而许多的转换器放置地靠近负载。由于转换器相互远离，因此它们采用不同的电源。这些转换器常常独立工作，即具有独立的控制器。两种类型如图2.1所示。

2.1.1　集中式和分布式的分布系统

　　在所有集中式和分布式系统中，一个 AC – DC 转换器（通常称为金属盒或模块）用于将电压从一个 AC 值转换到平台采用的一个或多个 DC 值。其他的 DC – DC 转换器将这一主要的 DC 输出电压转换到其他调节的电压值。在一个集中的电源系统中，电源从一个集中的源分布到多个负载或器件如图2.1中 A～F 所示。

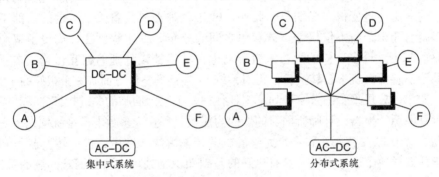

图 2.1　集中式系统和分布式系统

　　这些往往是单个硅器件，但它们可以是采用一个或多个电压源的复杂器件，取决于负载和器件。在一个分布式系统中，DC – DC 转换器与负载在一起的目的是给邻近的所有器件提供高质量的电源。主要电源是一个 AC – DC 转换器的情况也并不总是必需的，有一些系统依赖于一个 DC 路由的总线电压，如电池。

　　对于一个或其他应用，哪个系统更好是没有正确或错误的结论的。一个设计师的选择通常取决于几个关键因素，包括成本、尺寸、是否便于集成等。电源系统的选择是在开发过程的早期决定的。然而，在如今的高性能电子电路中，通常的主要驱动因素之一是能效。到负载的电源转换和分布网络在电源系统的效率中起着至关重要的作用。对于电池的应用是正确的，即使是在高性能的服务器平台。由于能源成本上升已成为一个主要的问题，因此参与电源系统开发的工程师也必须掌握整个平台的能源使用情况，并力求使其电源效率更高。正常情况下，因为有责任给这些高性能负载提供有效电源，所以 PI 工程师参与了许多决策性的工作。

在转换器损耗路径以外的许多损耗机制有助于理解平台的能效。电源分布网络在系统的损耗中起着重要的作用，并通过在平台器件的电源管理（包括电源转换器）系统中负载的运行实现对功率损耗的控制。事实上，电源管理现在是一个推动平台电源和平台效率发展的关键技术。这些问题将在后面的内容中进行更详细的讨论。

2.1.2　在系统电源路径的静态损耗

在整个平台的功率损耗中，AC – DC 电源和下一级的 VR 之间有一个隐含的互连，并且类似于第二级 VR 和硅器件之间的情况，如图 2.1 所示。因为在第一级的功率损耗（AC – DC 输出到 DC – DC 输入）可能依赖于电压和电流以及应用$^\ominus$，所以这里重点关注的是第二级，这将是一个某种类型的 DC – DC 转换器。通常负载器件（如一个处理器或 SOC）需要多个不同的转换器为装置的不同级提供电源。由于更严格的系统约束，负载的开关特性至少在电流最大的动态变化部分可能还需要对电源传输和 PI 设计给予更多考虑。

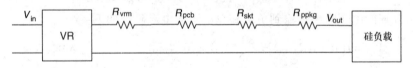

图 2.2　分布路径的简单 DC 模型

如今，几乎所有的电子系统和/或器件都需要比上一代更有效的电源。一个基本系统的要求是确定需要多大的电源，以确保动态和静态条件下器件的充分供电。图 2.2 所示为在 VR 源（DC – DC 转换器）和负载之间一个典型互连的原理图的静态部分。为了确定这个互连功耗，第一，工程师必须评价从输入到输出的转换器效率，这意味着计算在正常工作条件下输出的电压和电流；第二，工程师必须在工作温度下知道互连路径的电阻；第三，工程师必须知道负载吸收的最大负载电流。转换器的效率由以下基本方程给出：

$$P_{out} = P_{in}\eta \tag{2.1}$$

式中　η——转换器的效率；

　　　P_{out}——传送到负载的静态输出功率；

　　　P_{in}——传送到转换器的静态输入功率。

知道电阻、每个部分的温度和负载吸收的静态电流后，可以计算互连路径中的静态功耗。在一般情况下，一旦知道了对温度的依赖关系，通常可以将每个独立部分的电阻进行相加，这由式（2.2）表示，即

$$P_{int} = I_{int}^2 \sum_i^n R(T)_i \qquad (2.2)$$

式中　$R(T)_i$——互连元件的电阻，而它依赖于温度 T 的变化；

$\quad\quad\quad I_{int}$——通过互连的电流。

因此，采用式（2.1）和式（2.2）一个简单的计算可以用来确定供给处理器负载电流所需的总功率。下面用一个例子来说明。

例2.1　在 1.5V 时，需要给一个微处理器提供最多 80W 的功率。DC - DC 转换器的输入电压为 12V，而在最大功率和温度下效率为 86%。铜材料构成的整个 PDN 在室温（20℃）下的 DC 电阻是 1.4mΩ。如果在最大功率时互连的温度是 80℃，则可以估算系统的总功率损耗、转换器的输出电压以及转换器的输入电流和输入功率。假设每个互连元件温度是相同的。

解　第一个目标是求出转换器的输出电压。铜的电阻变化约为 0.43%/℃。因此，在 80℃ 时电阻的变化量为

$$\Delta R_{80℃} = 1.4 \times 10^{-3}(80 - 20) \times 0.0043 = 360\mu\Omega \qquad (2.3)$$

沿互连的电压降由传输到负载和总电阻的电流确定如下：

$$V_{int} = I(R + \Delta R_{80℃}) = \frac{80}{1.5}(1.4 \times 10^{-3} + 0.36 \times 10^{-3}) \approx 94\text{mV} \qquad (2.4)$$

因此，要维持微处理器 1.5V 的电压（只是对 DC，当包括波纹和其他因素时，这个数值将大幅增加），为了说明互连损耗，需要调节器输出电压约为 1.59V。传输到负载的输出功率是传输到微处理器和互连的功率之和。

$$P_{out} = P_{up} + P_{int} = 80 + I^2 R_{80℃} = 80 + \left(\frac{80}{1.5}\right)^2 \times 1.76 \times 10^{-3} \approx 85\text{W} \qquad (2.5)$$

输入功率可以由式（2.6）确定，即

$$P_{in} = \frac{P_{out}}{\eta} = \frac{85}{0.86} \approx 99\text{W} \qquad (2.6)$$

输入电流等于输入功率除以输入电压，为 8.24A。在路径中每个电阻元件的温度变化往往取决于在哪里和是什么，并且这些元件如式（2.2）一样进行分隔。这一步往往是确定平台所需功率的第一步。下一步包括检查其他系统损耗元件和系统中 AC 或取决于频率的损耗，它强烈依赖于平台的要求。

在这个例子中，很明显所有热和互连约束会影响一个电源路径的功率损耗，从而会影响互连和转换器设计。按照平台总体的 PI，根据系统约束需要多少功率以及理解功率如何传输到特定器件来做出正确的假设是很重要的。在这个例子

中，首先要假定转换器的效率，通常这在开始是不知道的，所以需要对转换器的深入分析和设计。

2.2　DC – DC 电源转换平台

在一个平台上，任何电源转换器的目标都是从一个不能直接使用的电压转换到一个可使用的电压。当电压从主电源网格传送，假设与一个负载不兼容时需要进行电压转换，如电源最终的传输点。不幸的是，这些电学负载和变电站电源间存在巨大差别。幸运的是工程师能够通过现代电子学开发出满足这些电子负载所需电源的方法。对 DC – DC 转换器，采用一个 AC – DC（在大多数情况下）转换器作为它们的输入，如前面所示，这通常是利用将较高电压降低到分布平台较低电压的拓扑结构构成的。无论这些电路是哪种开关类型，它们都有一个共同的函数，即能从一个地方将能量传输到另一个地方。因此每一个 DC – DC 转换器基本上都是一个能量转换装置。从一个电压到另一个的转移函数，通常由能量转移关系（Energy Transfer Relation，ETR）描述。这个函数描述能量如何从一处传输到另一处，它仅仅是系统输入能量和输出能量之比，类似于电源传输

$$N_\mathrm{T} = \frac{E_\mathrm{out}}{E_\mathrm{in}} \tag{2.7}$$

式中　E_out——系统输出能量；
　　　E_in——系统输入能量。

由于系统损耗，所以比值总是小于 1。其物理表示如图 2.3 所示。

ETR 也可用于设置元件的边界条件，这有助于能量从一个地

图 2.3　简单的能量转换图

方转移到另一个地方。例如，如果系统所有的输入和输出电压噪声都有明显的界限，则使用 ETR 将有助于设置构成实际转换器的这些元件参数。这是由在 ETR 输入和输出的四个噪声参数（V_NI，I_NI，V_NO，I_NO）表示的。这些参数有助于系统函数并会影响 PDN 的设计。它们对 DC – DC 系统特别重要，输入和输出噪声对系统效能来说是关键的。

为了满足式（2.7）的关系，参数 N_T 必须包括能量从输入到输出的传输速率，在输入和输出的 AC 信号的边界条件，以及在系统可接受的损耗机制。通常情况下，这些条件是动态的，并必须满足一定值的范围。特别是这种能量转换关系对降压稳压器的影响由 VR 设计师和 PI 工程师解决。

2.2.1　常用的转换器类型

在如今最先进的计算机平台，电源转换方法和传输到负载的电源质量一样重要。对于高性能的器件，电压调节器（Voltage Regulator，VR）靠近电路并设计的适应负载点的电压。VR 将继续在电源传送和负载器件正常工作条件下的规范内调整。VR 大多用于分布式系统，而不用于集中式系统。对这样的系统使用这种类型的电源结构背后的动机主要是电子技术的发展。由于一代又一代负载器件电压的降低，以及在高性能硅器件中电流的增加，导致了更为复杂的电源输送约束。随着电子技术的发展，需要电源转换和传输路径满足这个变化。随着电压调节器和负载之间距离的逐渐减小，以及转换器设计复杂度的增加，如今对传送高性能电源的转换器的选择通常是一种 DC – DC 降压拓扑结构，将高的输入电压转换到低的输出电压。对降压拓扑结构以及基于计算机平台上的许多其他的转换方法都有变化，包括线性、升压、降压 – 升压、电荷泵电路和分离的结构，但我们重点关注的主要是降压，因为它是目前计算机平台最常见的转换拓扑结构。

2.2.2　线性调节器

一个线性调节器是如今使用的最简单的 DC – DC 转换器（见图 2.4）。它实际由两部分组成：一个开关和一个放大器。当开关开启时输出电压由一个受控电阻调节，电压沿主电源开关下降。开关几乎只工作在晶体管的线性区，这就是为什么它被称为线性调节器的一个原因。另一个原因是开关两端的电压降主要是线性的负载，从而有功率损耗。通过检测一个反馈电路输出电压，放大器调整栅开关的电压。这个电压与放大器的参考电压进行比较，当负载随着

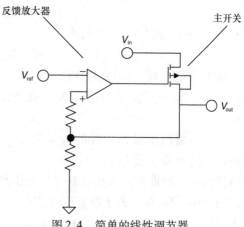

图 2.4　简单的线性调节器

输出电压 V_{out} 变化，放大器检测到变化并调整输出电压，以保持稳定的电压设置。

用于确定线性效率的方程是很简单的。对图 2.4 中的原理图，我们得到

$$P_{out} \approx V_{out}I_{out} = V_{out}I_{in} \tag{2.8}$$

这里的近似项只是放大器的附加损耗，在计算中经常被忽略，是由于与主开关损耗相比其相对较小的值。注意，输入和输出的电流是相同的，因为开关通过

这个可变电阻直接将输入电压连接到输出。然而，这一功率损耗结果与开关两端电压降的直接关系如下：

$$P_{loss} = P_{in} - P_{out} = (V_{in} - V_{out})I_{in} \tag{2.9}$$

效率方程仅仅是输出与输入功率的比值。

$$\eta = \frac{P_{out}}{P_{in}} = \frac{V_{out}I_{in}}{V_{in}I_{in}} = \frac{V_{out}}{V_{in}} \tag{2.10}$$

为了调节输出电压，开关要求有裕量来保证正常的开启。因此，放大器和开关设计中必须包括一些通过开关的最小电压把输出电压调到适当的值。这是输入电压和输出电压的差。通常电压降约 200 ~ 600mV，这取决于线性调节器的设计，硅工艺和它提供电源的负载。

线性调节器的优点是，它几乎总是单片的（所有功能都位于一个物理结构中）并可以容易地制造在一个单个的硅器件中，而工艺可以相对容易地将它与数字电路结合起来。此外，由于线性调节器没有开关器件，反馈回路很快，使得对于大多数应用，噪声和电压降都减小了。这就是为什么这些器件非常适合于片上的应用，其中有非常小的去耦而速度和面积是很重要的。主要缺点是线性调节器通常不是很有效的智能电源，并且因为这个原因受到热的限制。这就是为什么这些器件通常是使用于电压较低的应用中，而面积，非转换效率是经常关注的重要度量标准。下面的例子说明了这一特性。

例 2.2 一个工程师需要评估给一个工作站平台芯片组供电的一个线性调节器[⊖]。要求调节器至少达到 70% 的效率，提供最大 10A 的直流电流，并只使用板级冷却（意味着除了 PC - 板，不使用散热器）。输入电压为 5V 而输出电压必须调节到两个不同的电压/电流组合规范：0.7V 和 7A 以及 1.5V 和 10A。在这个平台上如果要设计最高工作在 150℃，确定调节器的效率，功率损耗和热约束。

作为分析的一部分，假设从结到板子的热阻（θ_{jb}）为 6.2℃/W，而对线性最大工作功耗时板子周围温度为 40℃。

解 这个分析需要了解热分析中一些非常基本的知识。对简单的热结构，一个简单的线性近似（不要与一个线性调节器混淆）通常足以确定系统的热影响。在这种情况下，给出热阻有助于进行计算。对这个例子，一些简单的计算应当足以说明这一点。然而，首要目标是确定所有工作点的线性效率。因此，首先需要计算输入和输出功率。由式（2.9）得到两个工作条件下的输入功率为

$$P_{in\_1.5} = V_{in}I_{1.5} = 5 \times 10 = 50W \tag{2.11}$$

$$P_{in\_0.7} = V_{in}I_{0.7} = 5 \times 7 = 35W \tag{2.12}$$

⊖ 工作站是一个强大的台式电脑，通常有更高性能的处理器和其他运行密集计算程序的器件。出于这个原因，器件在工作中将总是比一个台式电脑或一个笔记本电脑消耗更多的功率。

输出功率为

$$P_{\text{out\_1.5}} = V_{\text{out}}I_{1.5} = 1.5 \times 10 = 15\text{W} \tag{2.13}$$

$$P_{\text{out\_0.7}} = V_{\text{out}}I_{0.7} = 0.7 \times 7 = 4.9\text{W} \tag{2.14}$$

效率只是两种模式的输出与输入功率的比值

$$\eta_{1.5} = \frac{15}{50} = 30\% \tag{2.15}$$

$$\eta_{0.7} = \frac{4.9}{35} = 14\% \tag{2.16}$$

显然，没有工作点可以有效地满足要求的 70% 效率。这样的检查通常是对转换器设计不适合应用的警告。对不同功率限制的功率损耗是

$$P_{\text{loss\_1.5}} = 50 - 15 = 35\text{W} \tag{2.17}$$

$$P_{\text{loss\_0.7}} = 35 - 4.9 = 30.1\text{W} \tag{2.18}$$

对两种模式，这些损耗都是重要的，如果不增加一个相对昂贵的热解决方案，那么工程师可能无法获得批准来实现这个调节器。最后的检查是确定器件的结温，这将从一个正常的工作温度点检测解决方案是否实际。从结到板子增加的器件温度是热阻和功率损耗导致的结果。这两种模式的计算可以确定最坏的情况，而在这个例子中，它被确定为 1.5V 的工作模式。器件的结温必须低于 150℃，对这个模式和应用，温度的变化 ΔT_{rise} 为

$$\Delta T_{\text{rise}} = \theta_{\text{jb}}P_{\text{loss(max)}} = 6.2\,℃/\text{W} \times 35\text{W} = 217℃ \tag{2.19}$$

即使没有考虑板子的环境温度，这个结果也远远超过器件设置的上限。考虑到这个后，最大结温现在为

$$T_{\text{J}} = 40 + 217 = 257℃ \tag{2.20}$$

因此，这个温度是从板子周围到硅器件的内部工作温度，比可接受的工作温度高 107℃。显然，线性调节器对这一应用是不合适的，通常最好是考察其他方法，如具有更高效率的开关调节器。在 2.2.3 节将讨论的降压转换器可用于这样的高性能应用。

 2.2.3　降压转换器

如前所述，降压转换器是一个最流行的转换器。它通常被称为一个下变换器。"buck"是指开关顺序的激活方式，即交替、顶部和底部。当能量转移到存储元件时，基于占空比，输出电压下降。降压转换器的流行是因为它较简单，且成本、尺寸和效率适用于许多电源问题。表 2.1 为它与线性调节器多个指标的比较。

降压转换器比较灵活且修改或控制相对容易。另一大特点是如今在业界有非常多的供应商提供支持这个转换器拓扑结构的构成模块，这使得电源工程师可以

相对容易地找到特定应用的组件。事实上，降压转换器只有几个关键的构成模块，即桥、驱动器（有时构成架构）、电感和电容存储元件以及控制器。对控制器的反馈和有感电路也有一些混杂的成分，但这些基本上是考虑的控制器或滤波部分。

表 2.1　降压转换器拓扑结构的一些相关的折中

指标	相对比较
效率	通常很好
尺寸	平均，取决于应用
纹波	好，取决于应用（如多相和频域工作时）
响应时间	好，特别是对于多相
易用性	很好，有大量的元件供应商
成本	很好，由于有大量的供应商
系统集成到平台	很好，与许多可用的设计易于实现

图 2.5 所示为一个单相降压转换器原理图。显示的元件是上部和下部的开关、驱动器、LC 滤波器和调节输出电压的控制器。桥通常有两个或两个以上的 NMOS 功率晶体管。一个 PMOS 晶体管有时用于低功率应用，而将不同的电压输入用于顶部的 FET。驱动器提供信号，桥的栅极通过电源施加适当的电压，从而获得一个相当高的电流驱动能力。控制器是一个典型的 PWM 的应用，或基于 PWM 设计，但也可能是完全或部分的数字设计。主存储元件是体电容和串联电感。本章后面将对这些元件进行更多的讨论。降压操作相当简单，如图 2.6 和图 2.7 所示。

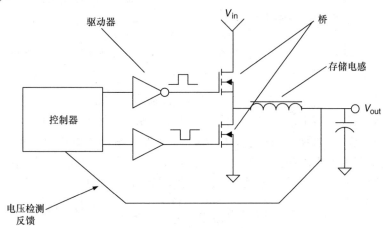

图 2.5　简单的单相降压转换器原理图

如图 2.6 所示，当上面开关开启时，通过电感的电流 I 增加。这与桥节点电压 V_{drv} 一致，这是开关之间的电压驱动模式，在这个理想的图中将电压拉至输入电压 V_{in}。当上部开关闭合而下面的开关断开时，电流开始流入电感并线性增加。

　　这段时间称为转换器工作的占空比，占空比发生在图 2.6 中曲线的加粗部分。当开关被反向激活时，如图 2.7 所示，电流持续流动，但电感上电压反转（意味着 V_{drv} 现在低于输出电压 V_{out}）以维持电流，这被称为转换周期。

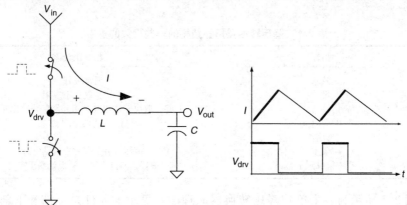

图 2.6　在占空比模式下工作的降压转换器

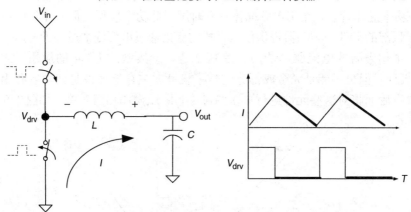

图 2.7　整流模式工作的降压转换器

　　在降压转换器中，占空比直接关系到通过输入电压的输出电压。为了保持一个恒定的电压（且稳定），电感两端 V－s 必须平衡。如果它们不平衡，则转换器将无法正确工作。在图 2.7 中，工作期间发生在整个周期 T，输出电压是占空比的函数。因此，在占空比周期中，电感两端的电压降为

$$V_D = V_{in} - V_{out} = L\frac{dI}{dt} \approx L\frac{\Delta I}{DT} \rightarrow (V_{in} - V_{out})DT = L\Delta I \qquad (2.21)$$

式中　V_D——上面开关闭合时电感两端的电压。

　　相反，在转换周期中，电感两端的 V－s 必须相同以确保正确的工作。因此，电感两端压降为

$$V_C = V_{out} \approx L \frac{\Delta I}{(1-D)T} \rightarrow V_{out}(1-D)T = L\Delta I \qquad (2.22)$$

式中　V_C——在下面的开关导通时电感两端的电压。

让方程相等得到占空比与输入和输出电压的方程如下：

$$(V_{in} - V_{out})DT = V_{out}(1-D)T \rightarrow D = \frac{V_{out}}{V_{in}} \qquad (2.23)$$

式（2.23）表明一个降压转换器占空比和输出电压与输入电压的比值成正比。这是一个重要的结果，并与转换器是否工作在固定频率或可变频率模式无关。它也揭示了为了保持所要求的输出电压，相对于一个固定的周期 T，两个开关需要导通多久。如图 2.6 和图 2.7 所示，电感电流直接与这些开关导通的持续时间有关。该转换器可以以连续或不连续模式工作。当通过电感的电流为零或大于零时，转换器工作在连续的模式。如果电流变为零，且有一段时间没有电流流动，则它被认为是不连续的。图 2.8 所示为这两种工作模式的电感电流。

补充说明一下，为了保持整体转换效率最高，在一个或两个这样的模式中的特定时间，它有时是有利于开关的关断和导通的。这称为软开关，它是许多设计师采用的一个技术，特别是允许这样可编程序[1,2]的控制器。当通过一个开关的电压或电流变为零（或接近）时，转换器是软开关电源。当开关的效率不理想时采用

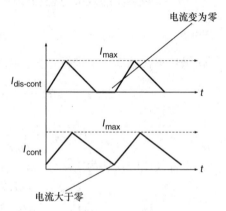

图 2.8　在降压转换器电感的不连续和连续工作模式

软开关，所以工程师可以通过选择这个和/或其他技术[3]来提高效率。

系统效率的设计，或更重要的系统对降压转换器功率损耗的适应，在前面的内容中曾经讨论过。然而，就算是确定一个简单的降压转换器的效率也会是一个艰巨的任务。这是因为在一个降压转换器中有许多元件构成了功率损耗机制，而功率损耗和效率随负载、电压、温度、频率和其他工作的特性而变化。因此，大多数设计师在实验室中进行测量以得到结果，而通常的仿真精度和预测过程并不能满足要求的精度。在本章的后面我们将返回重新讨论降压转换器的基本损耗元件并研究构成转换器的器件。

下面的例子显示了降压转换器如何与前面例子的线性调节器相比。

例 2.3　工程师要评估一个和例 2.2 中相同器件供电的降压转换器。假设与线性调节器有相同的工作条件。如果转换器的效率为 87%，V_{in} 为 5V 而 V_{out} 为 1.5V，以及效率为 75% 和 V_{out} 为 0.7V，计算每个工作状态的功率损耗。假定工

作负载与前面相同。如果它们设计的工作在与线性转换器相同的结温，则可以确定转换器开关新的热约束。此外，还要计算主开关的功耗。假设有两个开关，假定当占空比和转换周期相同时上面开关和下面开关消耗相同的功率，即每个器件的功率损耗与导通时间是成比例的。假设在每个工作状态两个开关一起占总损耗的50%（其他损耗以电感为主）。再次，假定封装的热阻与线性调节器的相同，为 θ_{jb}（6.2℃/W）以及相同的板子环境温度40℃。

解 第一个目标是计算两种工作状态的总功耗。这将给出转换器的总功耗。这里假设主要的热约束在转换器上。在大多数的转换器设计中，电感也受到约束，主要是因为设计师经常需要优化设计的尺寸和成本。因此，如果电感减小而功率增加，则对这个元件也必须进行热管理。幸运的是，这里假定只涉及开关。

一个降压转换器的效率方程和任何一个转换器是相同的，即

$$\eta = \frac{P_{out}}{P_{in}} \tag{2.24}$$

输出功率在例2.2中进行计算。因此两种模式的输入功率为

$$P_{in\_1.5} = \frac{P_{out\_1.5}}{\eta_{1.5}} = \frac{15}{0.87} = 17.24W \tag{2.25}$$

$$P_{in\_0.7} = \frac{P_{out\_0.7}}{\eta_{0.7}} = \frac{4.9}{0.75} = 6.53W \tag{2.26}$$

而每种模式的损耗为

$$P_{loss\_1.5} = 17.24 - 15 = 2.24W \tag{2.27}$$

$$P_{loss\_0.7} = 6.53 - 4.9 = 2.63W \tag{2.28}$$

注意到在较低电压输出（0.7V）的功率损耗是非常接近1.5V的输出情况的。每个开关的功率损耗与导通时间是成比例的，或在这个情况下是上面开关的占空比和下面开关的转换周期。下一步是各自计算作为这一比例函数的功率百分比。

对于1.5V的输出情况，这一比例为

$$P_{loss\_sw\_upper} = (\%tot)(tot\ pwr)\left(\frac{V_{out}}{V_{in}}\right) = 0.5 \times 2.24 \times \frac{1.5}{5} \approx 0.34W \tag{2.29}$$

而对下面的开关

$$P_{loss\_sw\_lower} = 0.5 \times 2.24 \times \frac{3.5}{5} \approx 0.78W \tag{2.30}$$

对于0.7V情况下的值为

$$P_{loss\_sw\_upper\_0.7} \approx 0.11W \tag{2.31}$$

$$P_{loss\_sw\_lower} \approx 0.70W \tag{2.32}$$

对于热状况，封装在最坏情况下的温升为

$$\Delta T_{\text{rise}} = \theta_{\text{jb}} P_{\text{loss(max)}} = 6.2\,\text{℃/W} \times 0.78\text{W} \approx 4.9\,\text{℃} \tag{2.33}$$

现在的最高结温为

$$T_{\text{J}} = 40 + 4.9 \approx 45\,\text{℃} \tag{2.34}$$

对板子上的器件，这是一个可接受的温度。确实，虽然功率明显更高，但如果电源调节的唯一元件是线性稳压器封装，则电源解决方案的整体面积将会小得多。因此，对降压转换器的设计，具有多个元件会使热更容易传播出去。然而，对一个基于开关的转换器，功耗会明显减少。较低的温度可以让设计师使用更便宜的封装并且让开关工作在更高的温度（如果需要的话）。实际的考虑仍然需要对这些封装大小进行较为详细的分析，这可能会在其他方面限制设计师的工作。不过，这个简单的例子说明了重要的一点：有时候，最简单的解决方案并不总是最好的。2.2.4 节将介绍降压电路中电感和滤波器特性的一些基本知识。

 2.2.4　*LC* 滤波器的工作原理

对调节器而言，滤波器是降压转换器的关键存储元件。但输入电容同样是重要的，电容和电感对降压调节器正常运行是关键的。如在 2.2.3 节中看到的那样，*LC* 滤波器存储能量并传输在 V_{drv} 节点产生方波信号的低频直流分量。本质上讲，*LC* 滤波器是一个带通滤波器；换句话讲，它的目的是在 *LC* 滤波器的频带内传输那些信号。因为这个，实际的 *LC* 滤波器的设计不能完全滤除所有的方波电源信号产生的纹波和噪声。所以可以预期，在开关节点的一些频率分量将传输至输出。这通常是通过电感的交流纹波，是任何转换器设计时都要考虑的一个重要因素。滤波器的谐振方程可以简单地表示如下：

$$f_{\text{R}} = \frac{1}{2\pi \sqrt{LC}} \tag{2.35}$$

这是两个元件中每个都没有考虑附加寄生参数时滤波器谐振频率的情况。然而，所有滤波器的非理想部分如图 2.9 所示。出于这个原因，考虑附加的寄生参数对滤波器影响是很重要的。图 2.10 所示为一个考虑和没有考虑附加的非理想成分时滤波器的阻抗。

正如预期的那样，理想滤波器

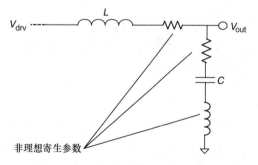

图 2.9　*LC* 滤波器典型的寄生参数

（实线）阻抗衰减到高频带，而在这个谐振峰值后阻抗降低到 10dB/十倍频程。这意味着滤波器通过这些频率时不再有效，而在这个范围内的任何电压都将会衰减。然而，对于非理想情况，在谐振中有一个额外的零点使得滤波器阻抗不再减小，于是阻抗开始再次增加；因此，如果不小心，则高频噪声可能最终通过。这就是为什么必须避免噪声的产生以及关联到一个电压调节器的设计中，即噪声会影响分布路径（PDN）和提供电源的硅器件。电感元件主要是从附加的寄生参数引入的，并由于转换器的电压纹波进一步影响转换器的工作。如果在工作的开关频率的波段内阻抗不够低，则转换器的纹波可能会很显著。因为这主要是一个无功功率，所以预期这不应该干涉滤波器的总效率。然而，一个大的波纹会对系统产生许多负面影响，一个会影响它的效率，另一个是其保护带。因此，最好是确保对工作频率及其谐波的纹波保持检查。本书第 5 章和第 6 章将对保护带和噪声进行更详细的讨论。

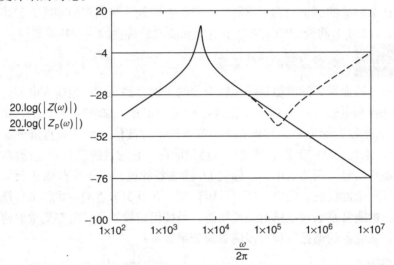

图 2.10　分贝表示的输出滤波器的阻抗分布：包含寄生参数（Z_p）和未包含寄生参数（Z）

在讨论纹波效应前（见本书第 5 章），用方波输入代表桥的开关对滤波器工作的剖析是恰当的。滤波器的输出电压与通过电压分压器的输入电压有关。如果传递函数的最终解在时域，则首先使用一个变换求解输出电压较为简单。因此这个分压器关系的简单方程为

$$V_\mathrm{out}(s) = \frac{Z_\mathrm{C}(s)}{Z_\mathrm{C}(s) + Z_\mathrm{L}(s)} V_\mathrm{in}(s) = \frac{Z_\mathrm{C}(s)}{Z_\mathrm{C}(s) + Z_\mathrm{L}(s)} V_\mathrm{drv}(s) \tag{2.36}$$

其中一个拉普拉斯变换用于表示依赖频率的解。在这种情况下输入电压 V_drv 是输入电感节点桥接驱动电压。输出电压可通过传输函数确定，假设稳态工作并观察滤波器如何影响输入信号。因此，如果假定对电感寄生的 R 和电容寄生的 L 是可忽略的，则得到以下方程：

$$V_\mathrm{out}(s) = \frac{(R_\mathrm{C}Cs + 1)}{s(LCs^2 + R_\mathrm{C}Cs + 1)} \frac{(1 - \mathrm{e}^{-sT})}{(1 + \mathrm{e}^{-sT})} \tag{2.37}$$

其中对一个驱动电压的方波（Heaviside 函数）采用拉普拉斯变换。一个简

单的仿真表明，纹波是由于这个驱动函数产生的（见习题 2.7）。通常情况下，要使纹波最小化，添加的另一级电容与主存储电容相比，应具有不同的串联谐振频率（Series Resonance Frequency，SRF），如图 2.10 所示，这是由于在电容中的寄生电阻。添加一个具有较低等效串联电阻或 ESR 电容通常会降低通过电容的总损耗和纹波。额外的电容也可能有助于改变滤波器的频率响应，以进一步减小纹波并同时减少损耗。应当指出的是，如果电感和电容是理想的，则由于进入滤波器的功率与传送的功率相同，故在滤波器中没有功率损耗。然而，如上文所述，在电感和电容的寄生成分会带来一个实际的功率损耗，在一个实际的降压调节器中是非常明显的。对电容的分析讨论将在第 4 章给出，而电感电路将在本章的后面讨论。

 2.2.5　电源开关基础

　　在降压调节器前面的论述中，在桥接 *LC* 滤波器节点有两个主要开关器件用于产生驱动电压。这些开关通常称为功率 MOSFET 器件。功率 MOSFET 的基本功能是作为开关将能量从电路的一部分（在这种情况下是输入电压）传输到另一部分（输出电压）。就同步降压调节器来说，这是从一个较高的电压源转换到一个较低的电压。通常情况下，PI 工程师不需要理解在一个开关调节器中的场效应晶体管（FET）物理和详细工作原理。然而，在实际的降压调节器设计中，在调节器为负载供电时，电源开关损耗通常范围是 30% ~ 60%，而这显然是一个显著的能量传递损耗，或许在设计中会影响到效率。对一个 PI 工程师来说，具有计算机平台广阔的知识通常包括对电源输送路径损耗的理解，以及功率 FET 的工作原理和功率损耗的组成。

　　如今在行业中有许多类型的功率 FET[5]。由于系统的限制会影响到硅器件和平台的其他方面，设计和规范也大大影响到功率 MOSFET。现在有足够多关于功率 MOSFET 的内容并且有关于这个话题足够多的信息。这个简短的讨论将关注类似于垂直扩散或 VDMOS 功率 FET 的结构。

　　如今电源开关具有相当复杂的结构，而大多数电学模型是非常先进的。然而，开关模型可以充分简化，使得在一个电源转换器分析中可以进行合理的功率计算。图 2.11 所示为两个模型，这是用于一个典型的功率 MOSFET 器件的功耗分析。

　　在图 2.11 左边的是更复杂的模型（但不是很大）。对于大多数功耗计算，右边模型可以用来计算 AC 和 DC 损耗，并分别用于 FET 的电容性开关损耗和静态导通电阻的损耗。此外，上面和下面的 FET 在物理结构上是相似的，但它们的损耗特性有所不同。在图 2.11 所示的一个桥接结构中，对上面和下面开关器件损耗的一个简化公式如下：

$$P_U = 静态 + 动态 = 电阻的损耗 + f \cdot (导通 + 关断) \qquad (2.38)$$

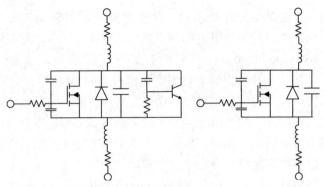

图 2.11 两个功率 N – MOSFET 模型：复杂的和简单的

$$P_U = I_{rms}^2 \cdot R_{ds\_on} + f \cdot \left(\frac{Q_{sw}}{I_G} \cdot V_{in} \cdot I_D + Q_{rr} \cdot V_{ds} + Q_G \cdot V_G + \frac{Q_{oss}}{2} \cdot V_{in} \right)$$

(2.39)

式中　P_U——上面的 MOSFET 的损耗。

对下面的器件，损耗方程为

$$P_L = 静态 + f \cdot (栅损耗 + 关断 + 体二极管)$$ (2.40)

$$P_L = I_{rms}^2 \cdot R_{ds\_on} + f \cdot \left(Q_G \cdot V_G + \frac{Q_{oss}}{2} \cdot V_{in} + 2V_{bd} \cdot I_{out} \cdot t_{off} \right)$$ (2.41)

对式（2.39）和式（2.41）的参数和定义在表 2.2 中给出。

如今 VR 设计者可以采用一些 MOSFET 技术。大多数用于降压转换器的器件是 N 沟道而不是 P 沟道的，由于器件单位面积较低的导通电阻，这通常意味着更低的成本。在计算机平台上许多电源转换器采用 12V 的电压作为调节器的输入。因此，为了可靠工作，该器件还必须在短的时间窗口承受超过这个值的电压偏差。如今对 VR 平台，一些流行的不同类型的器件见表 2.3。

表 2.2　功率 MOSFET 模型的参数定义

参数	定义
I_{rms}	MOSFET 电阻部分的电流方均根值
R_{ds_on}	当完全开启时 MOSFET 的导通电阻
f	开关调节器的频率
Q_{sw}	MOSFET 的栅开关电荷
I_G	栅电流
V_{in}	器件的输入电压
I_D	器件的漏电流
Q_{rr}	FET 反向恢复时间的电荷
V_{ds}	FET 的漏源电压
Q_G	FET 的栅电荷

（续）

参数	定义
V_G	FET 的栅电压
Q_{oss}	输出电荷，栅和短路的源
V_{bd}	体二极管的电压
t_{off}	FET 的最小关断电流

表 2.3　功率 FET 类型通常用于平台电压的调节

功率 FET 类型
沟槽——DMOS 或 VDMOS
横向——工作类似于 VDMOS
氮化镓（GaN）

FET 之间的差异很大，例如，一个典型的 GaN 功率 FET 损耗可能比其他类型的低得多，这使得在大多数情况下需采用一个更小的封装。对 PI 工程师来说，我们的目标是在平台内理解和约束这些损耗，使得 PDN 设计可以充分支持整体的电源转换器和负载的设计。

计算电源开关的损耗可能是一个艰巨的任务，这取决于所需的精度。往往一个设计师必须求助于 SPICE 详细的仿真和热/机械的建模工具，而现在先进的 CAD 程序的精度仍有所欠缺。PI 工程师通常通过第一次估算足以获得必要的数据。此外，转换器在开关行为中器件的工作可能会引入显著损耗，在上面方程中不一定是明显的。一个典型的波形如图 2.12 所示，注意电流尖峰在过渡周期通过开关的漏极，在关闭和开启器件之间和在相反的过渡周期的电压尖峰。这是一个常见的事件，特别是从上面器件到下面器件的导通和关断之间的过渡周期。这通常需要电压调节器的控制最小化，这些基于穿通损耗的某种类型的软开关控制。

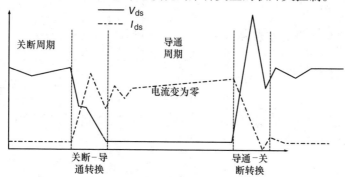

图 2.12　对功率 MOSFET 分段近似的线性电流和电压波形例子

下面的例子说明了一个降压调节器桥接功耗的简单计算。

例 2.4　一个工程师要使用一个便宜的、更符合成本效益的陈旧的 FET 技术。新的 FET 的参数表明，性能比以前更糟并且封装的损耗和热阻也会更糟。

用本节给出的 MOSFET 晶体管方程估算转换周期的功率损耗。MOSFET 的值在表 2.4 中给出。假设在所有工作温度这些参数都是正确的，同时假定与例 2.3 相同的参数。这意味着输出电压和电流都是相同的，对 1.5V 的输入电压有相同的情况。如果这个情况下（电路板）热阻（θ_{jc}）为 25℃/W，那么在正常工作时，器件内部实际的温度上升了多少？

表 2.4　用于功耗计算的数据

参数	数值
I_1，I_2	9.5，9.5A
R_{ds_on}	4.9mΩ
f	500kHz
I_G	400μA
V_{in}	5V
Q_G	25nC
V_G	2.5V
Q_{oss}	2.5nC
V_{bd}	1.25V
t_{off}	125ns

解　由于这个 FET 工作在转换周期，所以它关注的是下面 FET 的功耗。式 (2.42) 可以用来计算功耗。下面重复该方程，首先显示缺少的部分如下：

$$P_L = I_{rms}^2 \cdot R_{ds\_on} + f \cdot \left(Q_G \cdot V_G + \frac{Q_{oss}}{2} \cdot V_{in} + 2V_{bd} \cdot I_{out} \cdot t_{off} \right) \quad (2.42)$$

电流方均根值是一个必需的参数。如果电流波形与电感电流直接相关，那么可以认为，通过下面 FET 的电流方均根值与通过电感的电流有关。第一步是计算该 RMS 电流。这个电流波形简单的图形如图 2.13 所示。

对电流方均根值的方程为

$$I_{rms} = \sqrt{\frac{1}{T} \int_0^T |I(t)|^2 dt} = \sqrt{\frac{t_1}{3T}(I_1^2 + I_1 I_2 + I_2^2)} \quad (2.43)$$

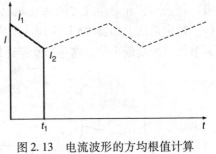

图 2.13　电流波形的方均根值计算

对一个连续的降压模式，这是一个通用的关系，如图 2.13 所示。转换时间可以从占空比和频率得到

$$t_1 \approx \frac{1}{F}(D) = \frac{0.3}{500 \times 10^3} = 600ns \quad (2.44)$$

那么解为

$$I_{rms}^2 \approx \frac{t_1}{3T}(I_1^2 + I_1 I_2 + I_2^2) = \frac{(6 \times 10^{-7})(9.5^2 + 9.5 \times 5.5 + 5.5^2)}{3T} \approx 17.3 \quad (2.45)$$

将数据加到一个电子表格得到总的功耗。在本章末尾与习题2.4的计算进行了核对。

$$P_L \approx 1.7W \tag{2.46}$$

可以看出与线性调节器相比，该 FET 功率是不显著的。对温度上升的一个简单的计算为

$$\Delta T_R \approx \theta_{jc} \cdot P_L = 25 \times 1.7 \approx 42℃ \tag{2.47}$$

如果板子在40℃，则这是在许多功率 FET 的82℃（通常这些器件可以安全工作到150℃）正常工作范围内。检查器件是否有显著加热现象是一个很好的做法。内部的一个大的温度上升也会使电源损耗数据偏离，由于导通电阻等参数通常高度依赖于温度。

随着逻辑和加工器件的硅工艺技术，以及功率 MOSFET 的发展。封装技术、集成和硅的工艺也有了明显的进步，并使得对电源转换器有了更小和更强的设计能力。硅 MOSFET 是一个了不起的器件，自20 世纪80 年代初引进以来一直在不断地发展，并有望在下一个十年持续发展，以给电源转换器设计师提供性能更好的硅 MOSFET 器件。

 2.2.6　控制器

正如2.2.5 节中提到的那样，对于功率 MOSFET，有许多文献更详细地讨论电源变换控制器。这远远超出了本书深入讨论一个电源转换控制器所需要充分了解其工作原理的范围。因此，这里的讨论是粗略的，而更多相关信息读者可以参考很多可用的文献。对基础知识的回顾通常是好的开始，并且一个好的回顾可以参考本章参考文献［5］。

如今在降压转换器中使用的控制器从非常简单的单相型反馈系统到多相电压调节器的复杂数字控制器。类型和复杂性取决于具体的应用。20 多年前，许多控制器只不过是带 PWM 模拟器件的简单的集成运算放大器。如今，这些器件通常包括复杂计算的反馈系统，无论是以数字或模拟的方式，VR 每个输出的电压和电流以非常快的速度检测这些值。

在过去的10 年，一些供应商在他们的产品系列中加入了数字控制，允许设计师开发电压调节器时采用对输出电压和电流扰动的非线性响应。

一个简单控制器的基本原理如图2.14 所示。控制器包含的元件允许在所有的正常工作条件下进行电压调节。在调节器输出端，系统有一个反馈信号反馈回一个节点。

这个信号与参考信号相比较，然后产生补偿器的误差信号。补偿器调节控制信号，使正确的驱动加到 PWM。PWM 调制这个信号并发送它到驱动器，进行足够的放大以控制桥，进而将电源传输到滤波器和负载。

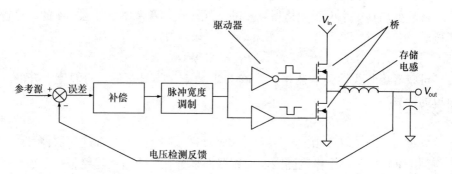

图 2.14　简单的具有控制器和反馈的降压调节器

补偿网络通常是一个具有反馈的运放,而无源元件补偿输出电压的变化。一个类型 3 的补偿网络如图 2.15 所示。补偿网络和放大器实际上是不需要模拟的。正如所讨论的那样,有许多控制器的设计仿效这个功能并划归完全的数字设计。

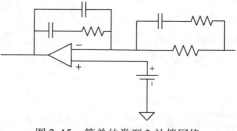

图 2.15　简单的类型 3 补偿网络

本书第 5 章讨论如何对一个简单控制器建模来用于 PI 的相关分析。PWM 发生器通常包括一个三角波或锯齿波发生器和放大器/比较器,将进入驱动器的三角波转换为占空比控制信号,如图 2.16 所示。

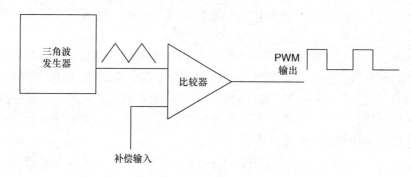

图 2.16　简单的 PWM 框图

三角波发生器可以通过来自补偿环路的反馈来调整,而三角波振幅的增加或减小是由控制信号决定的。有许多不同的设计和方法用于闭环系统。对 PI 工程师,这个介绍性的回顾以及在第 5 章的建模实例,应该是开始基本的电源传送系统分析所需工具的一部分。

2.2.7　电感

电感是降压调节器的主要储能元件，而当连接一个电容时，如前面所讨论的，它工作时会产生一个 DC 信号。电感既作为一个存储元件又作为一个滤波器。存储在电感的能量可以通过对电流和电压乘积（$V \cdot I$）的积分或瞬时功率对时间积分得到，

$$E_{\mathrm{L}} = \int_{t_1}^{t_2} L \frac{\mathrm{d}i}{\mathrm{d}t} I \mathrm{d}t = \int_{i_1}^{i_2} L I \mathrm{d}t = \frac{1}{2} L(i_2^2 - i_1^2) = \frac{1}{2} L i_2^2, \ i_1 = 0 \qquad (2.48)$$

这个表达式对工程师来说是众所周知的。如果电感很大，其他所有都相同，那么存储在电感的能量也将很大。相反，小的电感会限制存储能量的容量。

这是在一个电感中能量存储的一般情况。电感中的电流类似一个三角波，因此，通过对降压调节器沿周期（占空比加转换周期）积分求解出电感中的能量是一个简单的问题。

在 2.2.4 节讨论了降压调节器中的 LC 滤波器。正如所指出的那样，当检查滤波器的阻抗时，电感和电容值的大小决定了通过滤波器的 AC 信号（纹波）。对低频开关调节器，需要较大的值来减轻这个纹波。对于更高的频率则是相反的。在更高频率开关的好处是对于一个降压调节器，电感和电容的大小可能会缩小，而在 VR 设计时这往往是很大的值。本书第 5 章和第 6 章研究在一个系统中的纹波和噪声效应，以及这些结构如何影响 PDN 的发展。

不幸的是，随着频率的增加，电感和电容的损耗也随着增加。在本书第 4 章中将详细讨论电容损耗。功率电感会产生 AC 和 DC 损耗，而典型的降压调节器平台中的电容通常只有 AC 损耗。电感的 DC 损耗是相当简单的，主要是经由电感的金属线形成的。然而，AC 损耗更为复杂并且主要由绕线（对大多数的高性能 VR 功率电感）的磁性材料特

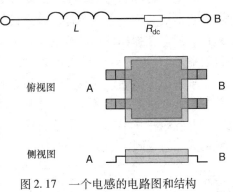

图 2.17　一个电感的电路图和结构

性确定。一个电感的结构以及它的简单模型如图 2.17 所示。在这个模型中只显示了 DC 电感的电阻。

在物理结构中每一侧有两个端子，以适应更大的电流（见图 2.17）或只是一边一个。电阻的 DC 分量通常有两部分，一个外部的和一个内部的。外部连接到板子而内部有一根或多根导线流入和流出电感。AC 分量包括由于磁性材料的损耗。此外，如果工作的频率足够高，则由于趋肤效应，金属部分会有 AC 损耗

分量。这个话题将在本书第 3 章进行讨论。

一个电感的 DC 损耗可以描述为

$$P_{L(dc)} = I_{dc}^2 R_{dc} \qquad (2.49)$$

电阻通常由供应商提供而损耗往往是借助于数据表中提供的信息计算得到的。AC 损耗由磁性和非磁性损耗构成。AC 磁损耗主要基于磁滞和涡流，取决于电感材料。磁滞损耗可以由式（2.50）估算

$$P_{L(hys)} = f_S V_M 2 H_C \Delta B \qquad (2.50)$$

式中　f_S——转换器的开关频率；

V_M——磁性材料的体积；

H_C——磁性材料的矫磁力（这是在 $B-H$ 曲线中磁通密度 B 是零的点）；

ΔB——在磁通密度变化（磁通密度在本书第 3 章中介绍）。

当材料内的磁畴扩张和收缩时，磁滞损耗发生在磁结构中，并且由于结构缺陷产生的临时偏移而导致能量转化为热。它通常是更容易通过检查数据表中的曲线或应用 Steinmetz 方程数据解释这些损耗。

在磁结构中出现的涡流电流垂直于磁场。涡流损耗可使用式（2.51）估算

$$P_{L(ec)} = \frac{l_M w_M t_M^3 B^2}{24 n_{lam}^2 \rho_M} \qquad (2.51)$$

参数（l，w，t）是一个结构的几何变量，在这种情况下，它被认为是矩形的形式（如长度、宽度和厚度）；参数 n 和 p 分别是磁性材料的叠层数和电导率。在更高的频率下，对于许多铁磁材料，磁滞和涡流损耗会在 DC 损耗中占主要地位，所以在损耗计算中这些需要考虑。然而，对于大多数铁氧体，涡流损耗可以忽略。

正如上面提到的，还有其他对整体的电感损耗有贡献的 AC 损耗。在磁性结构甚至是非磁性结构中考虑的两种其他类型的损耗是金属中的趋肤效应和邻近损耗，趋肤效应将在本书第 3 章中讨论。邻近效应类似于电流的聚集现象。对这些效应的完整讨论超出了本书的范围。

在这个简单的计算中（关于功率损耗），通常忽略的是通过电感的电流波形的谐波以及如何影响损耗的估计。通常情况下，正如在本书第 1 章中讨论的那样，这些第一原理计算的目的并不是要取代详细的仿真或测量。然而，即使是一个估算的预期结果，对它们正确的使用也是必不可少的。

在估算一个功率电感的损耗时，通常最容易采用的是电感制造商提供的数据。许多供应商提供的数据允许电感损耗的简化计算，特别是 AC 损耗。供应商甚至可以提供磁结构的 Steinmetz 参数。Steinmetz 参数基本上是在磁结构复杂的非线性行为的经验表示是通过一组系数或参数数据通过曲线拟合得到的。一个简单磁结构的 Steinmetz 方程为

$$P_{L(sm)} = k f^{\alpha} B^{\beta} \tag{2.52}$$

式中　k, α, β——在一个给定的 AC 频率供应商提供的计算损耗的系数。

在习题 2.6 中给出了一个采用 Steinmetz 参数计算电感功率损耗的例子。

2.2.8　耦合电感

对于电源转换应用，耦合电感变得越来越普遍。这主要是因为对于电压调节器，它们有助于减小电感储能单元的面积。耦合电感不仅可以作为自感存储能量，还可以作为互感或磁化电感存储能量。图 2.18 所示为用在降压调节器的一个理想耦合电感的简单示意图。

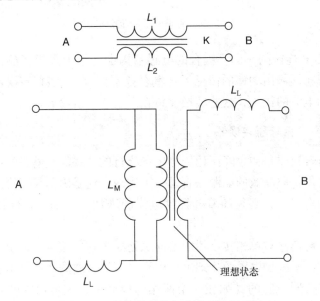

图 2.18　理想耦合的电感的电路原理图

在图 2.18 中，耦合电感的主要参数是耦合系数 K，泄漏电感 L_{σ} 或 L_L（泄漏电感）和 L_M（磁化电感）。L_1 和 L_2 是电感的两个自感。图 2.19 所示为电感如何耦合。还有可以构成一个耦合电感的许多其他组合和形状。图 2.19 给出的简单说明有助于读者理解其基本构造。在图 2.19 中，A_C 是图中电感区域的面积，匝数比为 1。有大量关于利用耦合电感的转换器论文[6]，读者可以参考本章参考文献。

在估算耦合电感的损耗时，考虑在 2.2.7 节中描述的 AC 和 DC 损耗是很重要的。主要的差异是通过磁化电感（L_M）的损耗，这对大部分基于铁氧体的结构应该是可以忽略的。因此，在一般情况下，前面章节的方程可用于计算损耗，这意味着将电感作为两个独立的结构处理。耦合电感也可用于降压变换器，在图 2.18 所示的作为一个变压器的电感对将作为一个两相对，到桥接相的节点将连

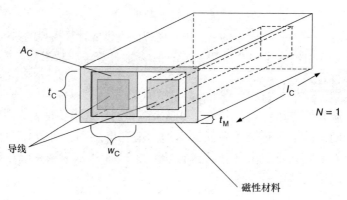

图 2.19　简单的等距耦合电感

接到邻近 A 和 B 连接的一侧。耦合的电感结构也可用于多相转换器以减少平台面积。在实现相同输出功率的情况下（耦合或不耦合），多相转换器在每个相具有降低纹波和电流的优点，这些转换器将在 2.2.9 节讨论。

 2.2.9　多相降压转换器

多相降压转换器是如今降压稳压器中最流行的形式。随着高性能器件电流的增加，需要提供优质高效的电源一直是一个挑战。这是因为单相降压稳压器受限于流过电感的电流，它必须随着硅提供电流的增加而增加，以保持负载所需的功率。

多相降压转换器与单相转换器的不同之处在于它们减少了输出纹波电流。反过来，这将有助于减少电感的物理尺寸以及成本。纹波的降低是由驱动器在每个相位的控制转换所引起的（如在一个两相的设计中，一个相位可以在与另一个相差 180°的情况下运行），所以在每个连接到相同节点电感的输出端，纹波电流在一定程度上得到了抵消。

图 2.20 所示为单相和多相（两相）转换器之间拓扑结构的差异。一个单相转换器为负载提供全部能量，而一个两相系统转换器将负载分为两个。当工作在180°的相位差时（极性操作），大部分的纹波电流被消除了。这将导致在输出端有较小的纹波电压（再次假设所有其他条件相同）。

n 相之间的相位关系（大于 2）是由多相转换器的工作模式确定的。通常相位不平衡是由控制器强制确定最小纹波的最佳相位角。例如，一个四相转换器通常在彼此相位差为 90°的相位下工作，这将导致一个纹波是一个相开关频率的 4倍。当然，其优势是在转换器输出节点的纹波电压较低。因此，许多设计师选择使用一个多相的设计来降低电容，它降低了 BOM 成本和面积，可以提高可靠性。不幸的是，这也将产生一个更高频率的纹波，有时会使去耦合面临一个更大的挑

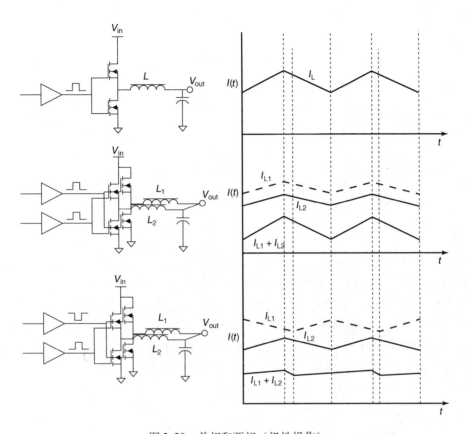

图 2.20　单相和两相（极性操作）

战。耦合电感系统也可以用在一个多相配置中，如在 2.2.8 节讨论的那样。这个额外增加的优势不仅由于两相降低了纹波，也缩减了电感解决方案的物理尺寸，现在能量存储在电感之间。下一部分将介绍一个不太常见的降压拓扑结构，即在一些系统上获得了关注的抽头电感降压转换器。

 2.2.10　抽头电感降压转换器

　　抽头的电感器拓扑结构在许多应用中已使用多年。在过去的几年中，计算机平台的设计师们已经找到新的采用这种拓扑结构的方法[7]。与标准的降压调节器相比，抽头电感提供了一些更具吸引力的特性，此外还可用于多相结构。其主要优点是它扩展了标准的降压调节器的占空比。当占空比较小时（如一个 12V 的 V_{in}，1.5V 的 V_{out} 降压），损耗可以很高，由于较大的电感纹波电流，功率 FET 和电感会持续增加开关和导通损耗。在其他都相同的情况下，通过增加该占空比，可以减少这些损耗。一个单相设计的抽头电感降压调节器如图 2.21 所示。

　　抽头电感降压或短的 TI 降压有两个绕组，一个在初级或 V_{in} 一侧，另一个在

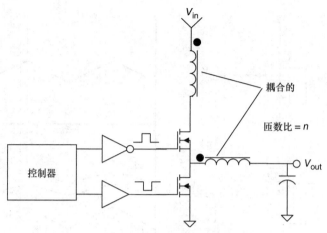

图 2.21 单相设计的抽头电感降压调节器

正常的降压调节器输出。图 2.21 所示的拓扑结构是对经典的 TI 降压的改进。差别是上面的开关连接在顶部电感的底部。这样做是为了使驱动电流更容易流进 FET，这通常是一个 NMOS 晶体管。当上面的 FET 开启时，电流流进所有电感电流而到达 V_{out}。当上面的 FET 关断时，两个电感的电压反转，电流连续从电感顶部进入到输出电感。占空比、匝数比和电压的关系可表示为

$$\frac{V_{out}}{V_{in}} = \frac{D}{D + n(1 - D)} \quad (2.53)$$

匝数比越高，占空比越大。这种设计的问题是一个大的电压尖峰会发生在上部的场效应晶体管关闭时。典型的电流波形如图 2.22 所示。

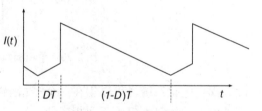

图 2.22 抽头电感降压调节器的电流波形

在抽头电感的降压拓扑结构中，电流在一定程度上是不连续的，如图 2.22 所示。这是通过在一次绕组一侧的电感耦合引起的。占空和整流周期之间的大电流的上升会产生很大的尖峰电压。这个大的电压会使上面的器件损坏并产生可靠性问题，这是由于上面电感器两端电压的反转。然而，出现了一些试图控制这种损害的新方法。一些设计师采用该拓扑结构[8-12]取得了比较高的效率。通过控制有源或无源网络的电压尖峰，大的尖峰可以充分减缓以减小潜在的损害。对主电感附加绕组进行了尝试，但是与传统的降压型调节器相比，这会大大增加设计的成本。然而，这种权衡是值得的，特别是需要高效率、低能量损耗的热约束设计时。

随着器件和无源技术的进步发展，当占空比缩小时，TI 降压对 VR 工程师可能会成为一个很好的选择。

2.3　布局和噪声考虑

除了效率外，通常区分转换器好和差的设计是看它所产生的纹波和噪声。如今大多数的设计是高度集成的，这意味着与过去几年的 VR 设计相比，硅部分的功能多而复杂。这个级别的集成通常有良好的噪声抑制，假设内部硅具有良好的去耦合且设计得足够好。多年来，转换器的设计将功能分为电源传动和控制，只有很少的外部元件和去耦合电源偏置。因此如今看到的 FET、驱动器和滤波器与转换器的控制器是不同的。硅技术的进展有助于促进这一基本的隔离。控制器包含低噪声、高增益放大器的反馈和检测，需要很好的去耦合，而电源传动包含高功率和大电流的开关元件，这通常会在频域产生大的噪声信号。因此，与电源传动相比，用来驱动这些器件的控制信号往往是低的电压和很低的电流。

尽管设计者在控制器和功率 FET 布局时必须小心以防止噪声耦合到控制器的放大器，还必须注意不应产生太多的噪声到硅负载供电的转换器。PI 工程师通常花费相当多的时间分析和测量系统中的噪声。提供高品质的电源重要的是影响 PDN 问题的额外分析。噪声分析将在本书第 6 章进行详细讨论。本节的重点是常用的噪声产生的不同类型以及它们如何能在基本降压转换器的设计和布局中避免。

由转换器产生的噪声通常是以下四种主要类型之一：低频纹波，功率 FET 和驱动器的开关，由于电源传动和滤波器 FET 布局路径的寄生参数的振铃环回，和/或接地和电源噪声（主要是由于电源传动差的布局设计）。注意这里没有提到由控制器本身产生的噪声。虽然该控制信号的边沿速率相对较快（数十纳秒或更短），能量通常较低，具有良好的平面去耦，但防止这种噪声通常也成为设计者面临的一个问题。表 2.5 列出了噪声源以及它们常采用的缓解方法。

表 2.5　噪声源和可能的缓解技术

噪声源	缓解方法
低频纹波	采用多异相相位，使用更多低 ESR 的低频电容，低阻抗的电源/接地平面对
FET 开关噪声	低压摆率的 FET，上和下 FET 变化的死区时间，使用软开关拓扑结构，对 FET 噪声利用 HF 去耦合，减少连接到主滤波器的寄生参数，主滤波器输出和主 FET/驱动器的电源/接地连接之间较低的环路阻抗
寄生振铃	使用主电源传动滤波器和 FET 之间低的阻抗路径，使用相同连接的低电感回路，减小从输入滤波器到主要功率 FET/驱动器的输入
电源/接地平面噪声	电源/接地平面之间较低的阻抗（通常为较低的电感），在最接近主电源传动滤波器输出区域放置横跨电源和接地平面的 HF 去耦合电容

许多噪声问题很难追踪，并不是所有表 2.5 中的方法都可以单独使用。通常

是一个将噪声降低到一个可接受水平的组合技术。此外，如在本章前面所提到的，电源转换器的设计者通常受到众多的边界条件（面积、成本等）约束，这些条件可能会使某些应用面临挑战。

　　PI 工程师要考虑的另一个重要领域是转换器物理结构和对系统级问题的影响。这基本上是相对负载和 PDN 去耦合及布局元件的放置。PI 工程师必须确保在各个层面减轻噪声耦合，特别是传输到高性能、低电压硅器件的电源。元件的位置也会以多种方式影响转换器的功率损耗。注意，平台中调节器功率损耗的理解取决于对元件损耗的理解。在前面的章节中对这个讨论了很多，特别是关于功率 FET 和电感。因为大多数的开关调节器具有显著的 AC 和 DC 电流，从布局的角度了解其影响（寄生参数）可以极大地帮助效率的估计。依靠电路原理图是不足以确定一个转换器的整体功耗的。这是因为电路原理图没有显示互连模型的损耗。因此，与板级布局工程师坐下来检查一些关键的走线，然后估计这些部分电阻来决定互连损耗通常是生产性的实践。例如，在一个降压调节器中已证明影响来自电感和开关。也有由于电容储能元件的损耗，这将在本书第 4 章进行讨论，并对电容技术进行综述。用于估计互连寄生参数和其他电磁结构的基本方程将在本书第 3 章中介绍。

2.4　小结

　　本章概述了计算机平台的转换。讨论从集中式和分布式系统的描述开始。较小系统趋于集中式的，而较大的是分布式的。其次，简要介绍了线性调节器和降压转换器的平台类型，给出了一些简单的例子说明如何计算线性调节器和降压变换器的损耗，结果表明，对于高功率应用，降压调节器通常适应得更好。LC 滤波器的讨论表明滤波器如何影响纹波。介绍了降压转换器的基本元件，使读者在后面章节进行以建模为目的的内容开始之前熟悉它们的使用。对功率 MOSFET、电感和控制器进行了简单讨论。在本书第 4 章将充分讨论滤波器电容。本章还描述了一些由于小的外形而越来越受欢迎的不同降压拓扑结构，以及耦合电感的基本知识。作为经典的单相降压调节器的补充，对多相变换器和抽头电感转换器进行了分析。最后，对噪声和布局的考虑进行了简要讨论。

习　　题

　　2.1　重复例 2.1，现在假设输出电压为 1.2V 而转换器的效率仅为 78%。如果温度是 96℃而不是 80℃，那么在互连中总电阻和电流是多少？

　　2.2　如果温度保持在器件工作的限制范围内，使用与例 2.2 相同的数据，线性调节器的设计可提供多大的安全电流?

2.3 计算输入电压为 12V,电感为 $0.47\mu H$ 时降压调节器的最大电流(忽略无关损耗)。假设占空比为 6.5%,开关频率为 1.4MHz,同时假定开关的上升和下降时间可以忽略不计,而调节器工作在完全导通模式的最小电流是最高点的 20%。对于相同的参数,在这个设计中的平均电流是多少?假设计算的电流是完美的三角形,那么输出功率是多少?

2.4 计算例 2.4 中上面开关的功率损耗。

2.5 推导式(2.43)的电流方均根值。

2.6 用下面给出电感的 k,α 和 β(以及 f 和 B)值,采用 Steinmetz 参数计算功率损耗:

参数	大小
k	1.56×10^{-8}
α	0.19
f_{sw}	500kHz
β	2.19
B	750

假设在计算中所需的频率有效值来自于以下公式:

$$f_{eff} = \frac{f_{sw}}{2\pi(d - d^2)} \tag{2.54}$$

式中 d——占空比。假设占空比和习题 2.3 的相同。

2.7 确定式(2.37)的逆拉普拉斯逆变换。

参 考 文 献

1. Kassakian, J. G., Schlecht, M. F., and Verghese, G. C. *Principals of Power Electronics.* Prentice-Hall, 1991.

2. Divakar BP, Ioinovici A. Zero-voltage-transition converter with low conduction losses operating at constant switching frequency. *Power Electronics Specialists Conference.* Baveno, 1996.

3. Lee, Y. S., Wang, S. J. and Hui, S. Y. R. Modeling, analysis, and application of buck converters in discontinuous-input-voltage mode operation. 2, *IEEE Trans. Power Electronics*, Vol. 12, 1997.

4. Baliga, B. J. *Advanced Power MOSFET Concepts.* Springer; 2010.

5. Erickson, R. W., and Maksimovic, D. *Fundamentals of Power Electronics, 2nd ed.,* 2000.

6. Zumel, P., Chen, D., Liu, C-W, Huang, K, Tseng, E., Tai, B. Tight Magnetic Coupling in multiphase interleaved converters based on simple transformers, *IEEE Applied Power Electronics Conference,* Vol. 1, 2005.

7. Lee, M., et al. Comparisons of three control schemes for adaptive voltage position (AVP) droop for VRMs applications. Power Electronics and Motion Control Conference, 2006.

8. Xu, P., Wei, J., Yao, K., Meng, Y., Lee, F. C. Investigation of candidate topologies for 12V VRM. APEC, 2002.

9. Harris, P., and DiBene II, J.T. *Integrated Magnetic Buck Converter with Magnetically Coupled Synchronously Rectified Mosfet Gate Drive*, U.S. Patent # 6,754,086– June, 2004.

10. DiBene II, J. T., Morrow, P. R., Park, C-M, Koertzen, H. W., Zou, P., Thenus, F., Li, X., Montgomery S. W., Stanford E., Fite, R., Fischer, P. A 400 Amp fully integrated silicon voltage regulator with in-die magnetically coupled embedded inductors. IEEE APEC Conference 2010.

11. Vafaie, M. H., Adib, E., Farzanehfard, H. A self powered gate drive circuit for tapped inductor buck converter. PEDSTC, 2012.

12. Kingston, J. Application of a passive lossless snubber to a tapped inductor buck DC/DC converter. *IEEE PEMD*, 2002.

第3章 电磁场与电路表示方法的回顾

在分析连接电源转换器到硅的电源分布网络（以及在硅中的分布）之前，从这些场的近似来回顾控制电场的方程和电路表示方法通常是一个好主意。所有用于第一原理分析和 SPICE 建模的无源元件都来自这些基本的电磁方程，称为麦克斯韦方程。

分布网络的分析值几乎都是近似的。然而，近似通常足以让人们了解眼前的问题，这是至关重要的。不过在第 1 章提出的警示需要重视，因为这让人太容易掉入这样的陷阱，即人们会相信这些近似值会产生准确的结果，甚至是高度精确的结果。然而，近似值是在着手一个严格的数值研究之前界定难题极好的起点。因此，将在这里讨论这些近似的不足，以及它们通常"足够好"地进行第一次分析。其他提取无源元件的方法可通过数值程序或场解算器得到。如今有许多很好的提取工具以及教科书来解释它们是如何使用的，在本章的最后将给出几个例子[1,2]。在最复杂的问题中，这些工具将产生用于最终系统仿真的合理近似。不幸的是，即使有很好的工具，许多工程师仍然过于依赖提取程序来得到他们所需的数据。

但是这些工具实际上是和数据与所做的假设一样好，并且这些工具仍然只能对实际电场数据进行估算。此外，在应用时往往会忽视基本场的行为，例如在模型或相邻的电路耦合中确定在何处放置返回的"地"。即使这样，无源元件（如电感）的准确提取好于15% ~20% 是罕见的。因此，根据已知的验证数据和/或来自可靠来源的类似提取必须始终对结果进行检查。通常在开始更详细的工具提取过程以确保仿真产生合理的结果之前，从基本的手工计算开始是明智的。对于一个解决电路问题的 PI 工程师，在开始用一个严格的工具提取之前，了解基本电场行为的过程是一个必要的步骤。本章将首先介绍作为矢量计算基础的场和电路方程，还将回顾静电学的一些基本方程以及讨论如何根据结果以解析的形式来解决简单的第一原理问题。然后将讨论一些在电源分布分析中更常见的几何形状。本章将从对矢量分析的一个非常简要的概述开始。这里假定读者对矢量计算和电磁学具有基本的知识。因此，本章的目的是对这些概念进行一个回顾。有许多优秀的参考文献[3-7]详细讨论电磁学和电路提取，本书只触及这个涉及面很广的重要问题的表面，建议读者参阅这些文献和其他资料，以便进行更深入的研究。

3.1　矢量和标量

对一个工程师遇到的几乎所有 PI 问题，麦克斯韦方程是理解电磁场和相关电路行为的基础。特别地，这个电场的行为是由矢量表示的，应记住一个矢量既有大小又有方向。例如，一根棍的一端顶着一个固体的表面，施加在这个棍上的力可以由一个矢量表示，如图 3.1 所示。

由于电场具有大小和方向，故净力为 $\boldsymbol{F} = \boldsymbol{F}_x + \boldsymbol{F}_y$。同样，通过电池在两个极板施加一个电压，由于如图 3.1 所示方向电荷 Q 的建立将形成一个矢量电场 $\boldsymbol{E}_y$。一个矢量场通常是用黑体字表示。一个矢量可以乘以一个标量 λ 而改变其大小。几个矢量加、减、乘的例子如式（3.1）~ 式（3.4）所示。

$$\boldsymbol{B} + \boldsymbol{C} = \boldsymbol{C} + \boldsymbol{B} \qquad (3.1)$$

$$\lambda(\boldsymbol{B} + \boldsymbol{C}) = \lambda\boldsymbol{B} + \lambda\boldsymbol{C} \qquad (3.2)$$

$$\boldsymbol{A} + (\boldsymbol{B} + \boldsymbol{C}) = (\boldsymbol{A} + \boldsymbol{B}) + \boldsymbol{C} \qquad (3.3)$$

$$\boldsymbol{B} - \boldsymbol{C} = \boldsymbol{B} + (-\boldsymbol{C}) \qquad (3.4)$$

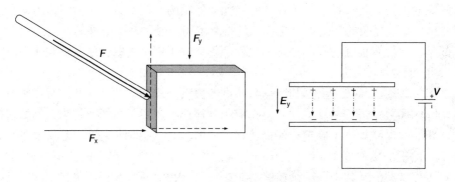

图 3.1　矢量场的例子

对于在二维或三维的简单矢量，矢量的相加可以通过数学或如图 3.2 所示的图形完成。当一个矢量和另一个矢量相加时，将一个矢量放置在空间而另一个放置在其前端，通过一个连线连接第一个矢量的尾部至另一个矢量的前端，如图 3.2 所示。注意，在这两种情况下，矢量 $\boldsymbol{C}$ 移动

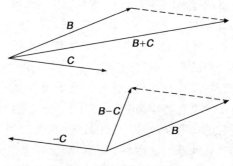

图 3.2　矢量的加法和减法

（虚线）到和矢量 **B** 前端对齐。在坐标系统中矢量的讨论将在 3.1.1 节进行介绍。

3.1.1 坐标系统

　　根据问题的不同，往往很容易在坐标系统中表示这些问题，这将简化计算和/或解决问题的方法。对于复杂的数值分析，一个非正交坐标系统可以比一个正交系统更有效地进行计算。在本书中，重点是三个最常见的、正交的坐标系统，即笛卡儿、柱坐标和球面坐标。对于将会遇到的许多的几何形状，笛卡儿和柱坐标通常足以描述在 PI 方面所遇到的大多数问题。球面坐标系统的描述将在附录中进行介绍。

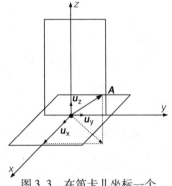

图 3.3　在笛卡儿坐标一个矢量 **A** 的图例

　　三维笛卡儿坐标系统如图 3.3 所示。许多问题很容易在二维空间进行描述和解决。三维坐标不过是简单的二维系统的扩展。例如，在该系统中可以将一个矢量分解到三个正交坐标轴来描述，而其系数表示如下：

$$A = A_x u_x + A_y u_y + A_z u_z \tag{3.5}$$

式中　　u_n，A_n——在 n 维度的单位矢量和系数；
坐标（x，y，z）——这个坐标系统正交矢量方向。

　　系数 A_n 是定义的与特定的单位矢量相关的通用系数。如果需要在空间中的一个特定的点定义一个矢量，则可以在空间选择一个点并用单位矢量表示为

$$A = A_{x1} u_{x1} + A_{y1} u_{y1} + A_{z1} u_{z1} \tag{3.6}$$

式中　**A**——在空间 $P(x_1，y_1，z_1)$ 点的定义。在图 3.3 中，$P(0，0，0)$ 点是起点。而大小由式（3.7）表示

$$A = \sqrt{A_{x1}^2 + A_{y1}^2 + A_{z1}^2} \quad (3.7)$$

沿矢量 **A** 方向的单位矢量为

$$\hat{a} = \frac{A}{|A|} \quad (3.8)$$

可以在柱坐标表示相同的矢量，如图 3.4 所示。当选择了适当的坐标系统后，许多问题都适用于一个简单的设置和解决方案。

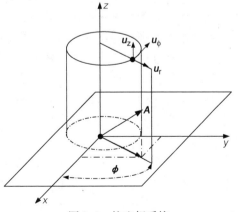

图 3.4　柱坐标系统

在柱坐标中的矢量 A 变为

$$A = A_x u_r + A_\phi u_\phi + A_z u_z \tag{3.9}$$

而坐标之间的转换关系为

$$x = r\cos\phi, \quad y = r\sin\phi \tag{3.10}$$

例 3.1 对下面的两个矢量相加，求出其大小并在柱坐标系表示如下：

$$A = 4u_x + 3u_y + 5u_z \tag{3.11}$$

$$B = 7u_x + 2u_y + 6u_z \tag{3.12}$$

解

$$A + B = C = (4+7)u_x + (3+2)u_y + (5+6)u_z = 11u_x + 5u_y + 11u_z \tag{3.13}$$

$$|C| = \sqrt{11^2 + 5^2 + 11^2} = \sqrt{267} = 16.34 \tag{3.14}$$

$$r = \sqrt{x^2 + y^2} = \sqrt{136} = 11.66 \tag{3.15}$$

现在的解需要转换成柱坐标。每个系数的大小可以从前面的转换方程得到

$$C = C_r u_r + C_\phi u_\phi + C_z u_z \tag{3.16}$$

而现在使用式（3.10）转换

$$C_r = \sqrt{136}\cos\left(\arctan\left(\frac{5}{11}\right)\right) = 11.7 \times \cos(24.4°) \approx 8.7 \tag{3.17}$$

$$C_\phi = \sqrt{136}\sin\left(\arctan\left(\frac{5}{11}\right)\right) = 11.7 \times \sin(24.4°) \approx 4.8 \tag{3.18}$$

而 C_z 将与直角坐标的相同。

 3.1.2 矢量运算和矢量微积分

这里将对一些基本公式进行回顾，而对于场和方程的操作和描述将在 3.1.3 节介绍。这些都是在随后将用来求解基本 PI 问题的一些方程和数学工具。许多涉及建立矢量方程的解决方案是通过第一原理或数值分析获得的。在大多数情况下，数值求解器没有显示这些方程，因此工程师要理解工具的限制并正确地输入数据以获得最准确的结果。不理解求解器的收敛性和精度限制的工程师可能会出现错误的结果[1,2]。此外，对于求解器中方程具有的良好的基础知识，有助于工程师在使用这样的工具时得到一个更精确的结果。不熟悉本章公式的读者建议参阅本章后面列出的一些参考文献以得到一个更全面的研究，因为本节只是一个简要的介绍。

这里定义两个基本的矢量操作，即点乘和叉乘。点乘是两个矢量的坐标系数的标量相乘，其结果是一个标量

$$A \cdot B = |A||B|\cos\theta \tag{3.19}$$

式中 θ——式（3.19）中 A 和 B 之间的角度。

两个矢量的点乘也可以通过更常见的关系得到

$$A \cdot B = (A_x u_x + A_y u_y + A_z u_z) \cdot (B_x u_x + B_y u_y + B_z u_z)$$
$$= (A_x \cdot B_x + A_y \cdot B_y + A_z \cdot B_z) \tag{3.20}$$

相反，叉乘的结果是一个与两个矢量所在平面正交的矢量

$$A \times B = |A||B| \sin\theta u_n \tag{3.21}$$

式中　u_n——垂直于 A 和 B 的单位矢量。更传统的计算可以通过矩阵行列式得到

$$A \times B = \begin{vmatrix} u_x & u_y & u_z \\ A_x & A_y & A_z \\ B_x & B_y & B_z \end{vmatrix} = u_x(A_x B_z - A_z B_y) - u_y(A_x B_z - A_z B_x) + u_z(A_x B_y - A_y B_x)$$

$$\tag{3.22}$$

当需要采用麦克斯韦方程时，广泛采用点乘和叉乘。当需要一个标量或矢量场的梯度时，采用 del 算子（倒三角形）。一个标量场的梯度（如在海洋的温度梯度）或一个矢量场（如热流从一块金属一端到另一端）可以使用该算子描述。在笛卡儿坐标系中的 del 算子，由式（3.23）定义。

$$\nabla = \frac{\partial}{\partial x} u_x + \frac{\partial}{\partial y} u_y + \frac{\partial}{\partial z} u_z \tag{3.23}$$

例如，对一个函数应用 del 算子的结果是一个矢量。要得到场 f 的梯度，可以使用以下定义：

$$\mathrm{grad}f = \nabla f = \frac{\partial}{\partial x} u_x + \frac{\partial}{\partial y} u_y + \frac{\partial}{\partial z} u_z \tag{3.24}$$

结果是一个矢量，一个场的散度是通过一个场的点乘得到的。

$$\nabla \cdot F = \frac{\partial}{\partial x} u_x \cdot F_x u_x + \frac{\partial}{\partial y} u_y \cdot F_y u_y + \frac{\partial}{\partial z} u_z \cdot F_z u_z = \frac{\partial F_x}{\partial x} + \frac{\partial F_y}{\partial x} + \frac{\partial F_z}{\partial x}$$

$$\tag{3.25}$$

结果是一个标量。旋度的操作是通过使用 del 算子对矢量叉乘得到一个矢量。对叉乘和 del 算子应用上述方程得到

$$\nabla \times F = \begin{vmatrix} u_x & u_y & u_z \\ \dfrac{\partial}{\partial x} & \dfrac{\partial}{\partial y} & \dfrac{\partial}{\partial z} \\ F_x & F_y & F_z \end{vmatrix} = u_x\left(\frac{\partial F_z}{\partial y} - \frac{\partial F_y}{\partial z}\right) - u_y\left(\frac{\partial F_x}{\partial z} - \frac{\partial F_x}{\partial x}\right) + u_z\left(\frac{\partial F_y}{\partial x} - \frac{\partial F_x}{\partial y}\right)$$

$$\tag{3.26}$$

式（3.26）是使用数值方法求解问题的一个有用的设置。所有说明如何解决各种电磁学问题的这些方程将贯穿本章。

另一个在电磁学中遇到的强大公式是散度定理，其规定通过一个表面的总流

量等于表面内的源（减去汇点的和）：

$$\oint\!\!\!\!\!\!\!\!\!\!\!\!\!\!\!\! F \cdot \mathrm{d}S = \iint \nabla \cdot F \mathrm{d}V \tag{3.27}$$

散度定理允许从一个体积分到一个面积分的转换，这往往简化了许多问题的分析。方程的散度定理式（3.27）不久将用于在静电学的探讨。另一个很有用的公式是 Stoke 定理，将一个场旋度的表面积分与边界上场的一个等效闭合线积分联系起来：

$$\iint \nabla \times F \cdot \mathrm{d}S = \oint F \mathrm{d}r \tag{3.28}$$

Stoke 定理和散度定理将用于这些讨论，以便有助于简化将遇到问题的分析。附录中还给出了一些公式，以便读者了解。

3.2　静电场

3.1 节回顾了一些矢量计算的基本工具，现在这些工具将用来介绍电磁场的概念。在介绍麦克斯韦方程之前的第一个目标是以相对简单的术语介绍场的概念。因此，这里的重点将是静电场的概念。对于 PI 问题需要两种类型的场，即静电场和静磁场。静电学问题处理一个对象和另一个对象之间的电荷积累；静磁学问题处理一个结构内由于电流引起的磁场问题。讨论从前者开始。静电场概念对于理解 PI 问题是很关键的，因为处理大多数问题的频率是静态场概念很好的近似。对于静态方程，矢量符号将略去而斜粗体字用来表示静态场矢量。

3.2.1　静电学

电荷是人们每天都会遇到的一个基本能量源。它允许单独传播、移动和前进。电荷测量的单位为 C（库仑）。电荷密度和分布是理解如何解决 PI 问题的基础。作为一个例子，在电容中的电荷是用来确定一个分布问题的滤波器特性。

然而，通常情况下实际遇到的是大量的电荷而不是单个电荷，因此工程师主要关注的是总电荷或电荷密度。例如，工程师通常通过在一个电容上的总电荷和电压计算电容

$$Q = CV \quad \text{或} \quad C = \frac{Q}{V} \tag{3.29}$$

总电荷通过对平板区域的电荷密度积分或求和得到。这将在下面的例子中进行说明。

例3.2　沿极板分布电荷密度（单位为 C/mm²）为

$$\rho(x, y) = 2x + 3y \tag{3.30}$$

的一个电容（见图 3.5）充电到 1V。如果电容的大小是 5mm × 5mm，那么计算电容上总的电荷以及总电容。

解　由式（3.30）通过对面上电荷积分得到总电荷（注意由于电容边界部分或每边长度是乘以 10^{-6}，所以在每个积分中以毫米为单位）：

$$Q = \int_0^5 \int_0^5 (2x + 3y)\mathrm{d}x\mathrm{d}y = (25 + 1.5 \times 25) \times 10^{-6} = 62.5 \times 10^{-6}\mathrm{C} = C \times 1$$

$$\text{或}\quad C = 62.5\mu\mathrm{F}$$

$$(3.31)$$

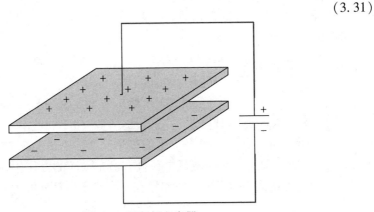

图 3.5　平行板电容器

对于许多 PI 问题，在研究分布路径中的元件时，简单的电容计算是有用的。电容的概念将在本章后面的小节中讨论。

前面的例子表明在假定的电荷密度下宏观层面上如何计算一个电容器的总电荷。但是，对于实际的电荷会如何？在电子层面上，给出两个电子之间的距离和隔开它们的介质（称为电介质，在这种情况下是空气），计算它们之间的作用力是较简单的。

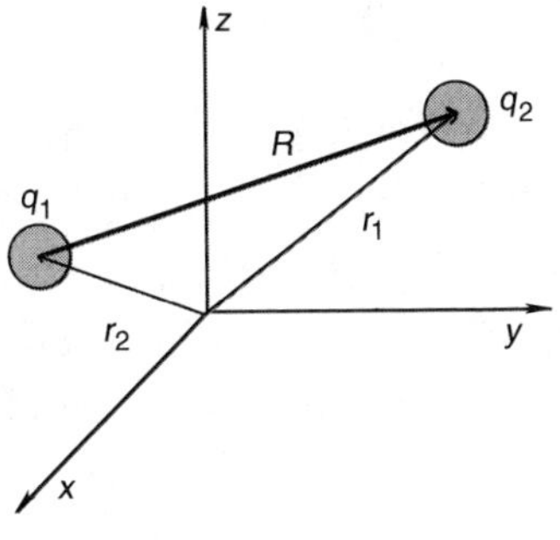

假定在空间的这两个电荷如图 3.6 所示。q_1 施加在 q_2 的力使用库仑定律计算

$$F = \frac{q_1 q_2}{4\pi\varepsilon_0 r^2}a_r = \frac{q_1 q_2 (r_1 - r_2)}{4\pi\varepsilon_0 |r_1 - r_2|^3} \quad (3.32)$$

图 3.6　在空间的两个电荷

式中　矢量 R 等于 $r_1 - r_2$，如图 3.6 所示。在这里力的单位为 N（牛顿），是力学研究中一个常见的单位。电荷的单位为 C（库仑），或 $1\mathrm{C} = 1 \times 10^{-18}\mathrm{eV}$ 和 $1\mathrm{eV}$。注意力是一个矢量，是 q_2 对 q_1 施加的沿单位矢量 a_r 方向的力。常数 ε_0 称为真空的介电常数，它的值为

$$\varepsilon_0 = 8.854 \times 10^{-12}\mathrm{F/m}$$

$$(3.33)$$

如果场是在非真空的介电材料中，则总的介电常数由介质的相对介电常数乘以 ε_0 确定

$$\varepsilon = \varepsilon_r \varepsilon_0 \tag{3.34}$$

如果空间中有一个以上的电荷，则全体电荷施加到电荷 q_1 的力将是各个电荷施加的力的总和，如图 3.7 所示。

由于每个电荷与 q_1 都有一个特定的间隔（在这个情况下假定是不同的），受力是矢量的总和，所以基于每个电荷相对的位置以得到作用在 q_1 上总的力如下：

$$总的力 = \sum \boldsymbol{F} = \sum_{i+1}^{n} \frac{q_1 q_i (\boldsymbol{r} - \boldsymbol{r}_{i+1})}{4\pi\varepsilon_0 \, |\boldsymbol{r} - \boldsymbol{r}_{i+1}|^3} \tag{3.35}$$

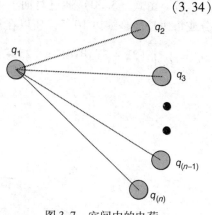

图 3.7 空间中的电荷

注意矢量 $\boldsymbol{r}$ 是从起点到电荷 q_1 的矢量，如图 3.6 所示，而 $\boldsymbol{R}$ 是减去每个矢量的矢量结果，在式（3.35）中 $\boldsymbol{r}_{i+1}$ 源自这个矢量 $\boldsymbol{r}$。假定 q_1 是一个单位测试电荷且有遍布空间的力作用在它上面，每个单位测试电荷的力定义为电场强度或作用在一个给定电荷 q 的力

$$\boldsymbol{E} = \frac{\boldsymbol{F}}{q} = \frac{q(\boldsymbol{r}_1 - \boldsymbol{r}_2)}{4\pi\varepsilon_0 \, |\boldsymbol{r}_1 - \boldsymbol{r}_2|^3} \tag{3.36}$$

式（3.36）中 $\boldsymbol{E}$ 的单位为 V/m。如果 q 的单位为 C，距离的单位为 m 表示，则常数 k_e 可以定义为

$$k_e = \frac{1}{4\pi\varepsilon_0} \tag{3.37}$$

这称为库仑常数，单位为 $N \cdot m^2/C^2$。通常，当只计算涉及场而不是力矢量时，将介电常数分离出来。在实际的问题中，遇到的电场通常是在导体的表面或在一定介质内电荷的总和。因此通常使用静态值而不是场来描述一个给定的问题。如果在空间试图将电荷从起始位置沿一个路径移动然后返回到相同点，则发现没有做功；或换一种方式说，如果一个电荷在一封闭轮廓的电场穿过，则做的功为

$$W = \oint \boldsymbol{F} \cdot \mathrm{d}\boldsymbol{l} = q\oint \boldsymbol{E} \cdot \mathrm{d}\boldsymbol{l} = 0 \tag{3.38}$$

这意味着以下等式成立，沿一个封闭的电路静电场强度的积分将是零

$$\oint \boldsymbol{E} \cdot \mathrm{d}\boldsymbol{l} = 0 \tag{3.39}$$

但这种关系只对静电场成立，它被定义为静电场守恒。这个概念是如果一个电荷沿一个环路移动回到同一点，则没有做功，所以这是能量守恒的一种形式。然而，在许多情况下，对计算从一个点到下一个点的静电场更感兴趣。由于静电

场强度单位是 V/m，很明显，通过从一点到另一点的积分（或者说移动电荷或一组电荷通过一个路径），可以在两个点之间获得静电势

$$V_a - V_b = -\int_a^b \boldsymbol{E} \cdot \mathrm{d}\boldsymbol{l} \tag{3.40}$$

当然，电压是一个标量，正如前面讨论的两个矢量之间的点乘。式（3.40）中的负号根据库仑定律定义，当一个电荷在电场作用下向源移动时（方向与电场强度矢量相反）它可能定义为正功。两点之间的电压称为电动势，这是因为它在存在一个电场的情况下实际移动电子，然后在净距离上来完成电势求和。注意对于一个静电场，路径并不重要，重要的是电荷在与电场强度方向平行移动的实际距离。式（3.40）的微分形式为

$$-\nabla V = \boldsymbol{E} \tag{3.41}$$

电场是一个矢量，如在 3.1 节中定义的。这个符号广泛用于数值的计算[3]。

到目前为止，讨论了静电势、电荷和电场。由另一个术语来描述在一个区域的场密度，即通量。电通量密度矢量 $\boldsymbol{D}$ 是一个不受介电常数影响的量。

$$\boldsymbol{D} = \varepsilon_0 \boldsymbol{E} \tag{3.42}$$

电通量密度通常是根据流入和流出一个给定表面的总通量定义的。电通量密度矢量是通过材料的介电常数与电场关联的。

一个给定区域的总电通量可以通过对一个表面电流密度求和得到（即通过 dS 微分元相加），如图 3.8 所示。例如，要得到通过一个表面 S 的一组电荷的总通量，则将电通量沿区域积分。

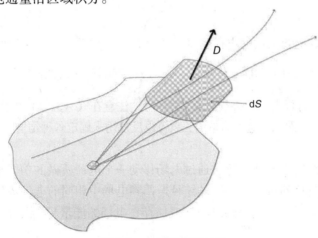

图 3.8　电通量密度矢量

$$总的电通量 = \oiint \boldsymbol{D} \cdot \mathrm{d}\boldsymbol{S} \tag{3.43}$$

式中　S——封闭区域总的表面。

式（3.43）是非常有用的，它也等于封闭在表面内的总电荷

$$\oiint \boldsymbol{D} \cdot \mathrm{d}\boldsymbol{S} = \boldsymbol{Q}_{\text{enclosed}} \tag{3.44}$$

利用散度定理得到

$$\oiint \boldsymbol{D} \cdot \mathrm{d}\boldsymbol{S} = \iiint \nabla \cdot \boldsymbol{D}\mathrm{d}v = \boldsymbol{Q}_{\text{enclosed}} \tag{3.45}$$

或以微分形式

$$\nabla \cdot \boldsymbol{D} = \rho \tag{3.46}$$

这称为高斯定律。这个关系的有效性可以通过一个例子来说明。

例3.3 参考例3.2 中的电容，使用静电势方程确定平行板电容的方程。假设下极板在 $z = 0$ 平面，并忽略任何边缘场效应。

解 首先假设电容的长度和宽度比平板间隔 d 大得多，或

$$w, l \gg d \tag{3.47}$$

加在电容上的电压可以表示为

$$V = \int_0^d E_z \mathrm{d}z \tag{3.48}$$

电容极板之间的电场由高斯定律决定，假定其中的电荷密度是不变的，即

$$\nabla \cdot \boldsymbol{D} = \frac{\mathrm{d}E_z}{\mathrm{d}z}\varepsilon_0 = \rho_v \tag{3.49}$$

由于 $\varepsilon_0 E_z = D_z$，所以式（3.49）两边对 z 积分后得到以下关系：

$$E_z = \frac{\rho_s}{\varepsilon_0} \tag{3.50}$$

式中 ρ_s——在电容表面的电荷密度。式（3.48）中代入 E_z 后变为

$$V = \int_0^d \frac{\rho_s}{\varepsilon_0}\mathrm{d}z = \frac{\rho_s d}{\varepsilon_0} = \frac{Qd}{A\varepsilon_0} \rightarrow Q = V\frac{\varepsilon_0 A}{d} \rightarrow C = \frac{\varepsilon_0 A}{d} \tag{3.51}$$

这是一个平行板电容的方程（在空气中）。注意在式（3.51）中代入电荷密度，仅仅是总电荷除以面积。这个简单的关系可以反复用来确定各种结构的电容，或至少是对它们的近似。

回顾一下当时的电势方程和通过电场移动一个电荷所做的功等于电荷乘以静电势，而如果电荷通过一个封闭的路径返回到电场中相同的电动势处时，则电场力做功等于零。对 n 个电荷的总功（或储存在电场的能量）[5]将为

$$W_e = \frac{1}{2}\sum_{i=1}^{n} Q_i V_i \tag{3.52}$$

由此可见，在一个电容中存储的功可以通过替代在式（3.52）中的电荷而得到。现在，假设在一个施加电压 V 的导体上（如一个电容）存在一个微分电荷，那么通过积分得到功为

$$W = \int_0^Q V \mathrm{d}q = \int_0^Q \frac{q}{C} \mathrm{d}q = \frac{1}{2} \frac{Q^2}{C} = \frac{1}{2} CV^2 \tag{3.53}$$

这是存储在一个电容中的总能量。它遵循以下散度定律：

$$W = \frac{1}{2} \iiint \boldsymbol{\nabla} \cdot \boldsymbol{D} V \mathrm{d}v = \frac{1}{2} QV \tag{3.54}$$

那么

$$W = \frac{1}{2} \oiint V \boldsymbol{D} \cdot \mathrm{d}s - \frac{1}{2} \iiint \boldsymbol{D} \cdot (\boldsymbol{\nabla} V) \mathrm{d}v \tag{3.55}$$

对式（3.54）中间积分应用矢量恒等式（见附录）。如果体积包括所有的空间，则这个积分也衰减到零。替代电场 $\boldsymbol{E}$ 最后的积分表达式得出以下结果：

$$W = \frac{1}{2} \iiint \boldsymbol{D} \cdot \boldsymbol{E} \mathrm{d}v = \frac{1}{2} \iiint \varepsilon \left| \boldsymbol{E} \right|^2 \mathrm{d}v \tag{3.56}$$

这是一个适用于空间任何一组静态场的通用方程，可用于确定存储在系统中积累电荷的静电能量，如在导体中一样。

例 3.4　求出在一个单位长度 l 的半径为 r_1 和 r_2 的同轴结构的电容，采用能量关系和散度定理。在计算中忽略任何边缘场效应。

解　这是电磁学中的一个经典问题。第一步是参考图 3.9 确定径向坐标的电场。

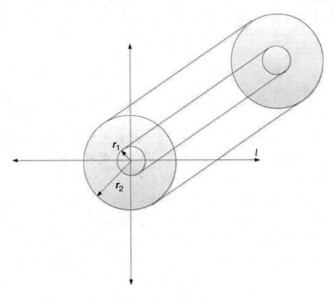

图 3.9　同轴电容问题

$$q = \oiint \boldsymbol{D} \cdot \mathrm{d}\boldsymbol{S} = \int_0^l \int_0^{2\pi} \varepsilon E_{\mathrm{r}} r \mathrm{d}r \mathrm{d}\theta \tag{3.57}$$

积分后有

$$q = 2\pi\varepsilon E_r r l \rightarrow E_r = \frac{q}{2\pi r \varepsilon l} \tag{3.58}$$

然后利用式（3.56）的能量关系得到

$$W = \frac{1}{2}\iiint \boldsymbol{D} \cdot \boldsymbol{E} \mathrm{d}v = \frac{1}{2}\int_{r_1}^{r_2}\int_0^{2\pi}\int_0^l \varepsilon\left(\frac{q}{2\pi r \varepsilon l}\right)^2 r\mathrm{d}r\mathrm{d}\theta\mathrm{d}l = \frac{q^2}{4\pi\varepsilon l}\ln\left(\frac{r_2}{r_1}\right) \tag{3.59}$$

最后，使它等于存储在一个电容中的能量

$$W = \frac{1}{2}CV^2 = \frac{(CV)^2}{4\pi\varepsilon l}\ln\left(\frac{r_2}{r_1}\right) \rightarrow C = \frac{2\pi\varepsilon l}{\ln\left(\frac{r_2}{r_1}\right)} \tag{3.60}$$

这是一个圆柱形电容的方程。

 3.2.2　静磁学

静磁学的研究与静电学的研究非常接近，只是研究的重点是产生磁场的电流，而不是电荷产生的电场。下面将要介绍的安培定律类似于库仑定律，只不过它关注载流元件而不是电荷。

类似于电容，在这种情况下遇到的是将作为一个基本电路元件的电感。回顾第 2 章中，能量可以存储在电感中或作为一个滤波器，或两者皆可。当有必要将电源从一种电压转换到另一个时，如在降压调节器中一样，电感与总通量相关，而电流由以下关系给出：

$$\Psi = LI \quad 或 \quad L = \frac{\Psi}{I} \tag{3.61}$$

总通量 Ψ 由在一个载流导体中的场产生，在本节后面将讨论如何确定一个特定结构的电感。

由磁通密度 $\boldsymbol{B}$ 到总通量 Ψ 是一个矢量。磁通密度矢量 $\boldsymbol{B}$ 是在空间中的每一个给定单位面积的磁通密度（在这个情况下）。考虑图 3.10，其中一个导线有电流流经它，在真空中产生一个场。当电流 I 流入图 3.10 所示导线时，在导线周围会产生一个磁场。测量包含的场线或磁力线是总的通量。在 3.1 节讨论静电场的电通量密度时，引入了通量的概念。磁场的磁通密度 $\boldsymbol{B}$ 如上定义。磁场的方向由右手法则确定：如果右手环绕一条导线而拇指指向电流的方向，则磁场的方向将由环绕导线右手的卷曲方向确定。磁通密度矢量与磁场强度关系为

$$\boldsymbol{B} = \mu_0 \boldsymbol{H} \tag{3.62}$$

式中　μ_0——材料的真空磁导率。磁通密度 $\boldsymbol{B}$ 的国际单位为特斯拉。在一般情况下，磁导率是大多数磁性材料的张量积并与磁场的方向和强度有关。

在真空中的磁导率常数 μ_0 为

$$\mu_0 = 4\pi \times 10^{-7} \mathrm{H/m} \tag{3.63}$$

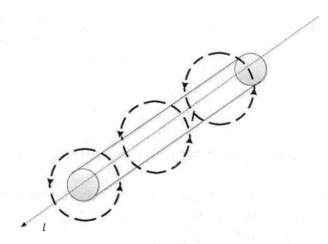

图 3.10　由于导线中的电流而产生的磁场

印制电路板中的许多无源结构没有磁性材料，因此对在这里将遇到的大部分问题，知道该常数的值就足够了。现在可以引入安培定律，使磁场与电流关联起来。

一个导体中的总电流通过沿闭环总磁场的积分得到，积分形式表示为

$$I = \oint \boldsymbol{H} \cdot \mathrm{d}l \tag{3.64}$$

在式（3.64）中沿闭环积分是一个线积分。这个结果是由一组实验得到的，在确定 PI 问题的磁参数时是非常有用的，例如一种几何形状导体的电感。通过对图 3.9 的两个导体之间面积的磁通密度积分可得到总通量为

$$\varPsi = \oiint \boldsymbol{B} \cdot \mathrm{d}A \tag{3.65}$$

这是法拉第感应定律的静态形式。根据法拉第定律，通过一个导线环路的磁通量正比于通过环路的磁通线。式（3.65）$\mathrm{d}A$ 是环路的无穷小的微分区域。法拉第定律适用于时间变化的磁场和区域（动环路）以及静态磁场和区域。现在用一个例子说明前两个公式的使用。

例 3.5　求出图 3.9 中同轴结构的电感，使用安培定律和法拉第定律，忽略任何边缘场效应。

解　首先由安培定律确定磁场

$$I = \oint \boldsymbol{H} \cdot \mathrm{d}l = \oint_0^{2\pi} H_\phi r \mathrm{d}\phi \tag{3.66}$$

积分得到

$$I = 2\pi r H_\phi \rightarrow H_\phi = \frac{1}{2\pi r} \tag{3.67}$$

现在代替法拉第方程中的磁通密度，并忽略边缘磁场

$$\Psi = \oint \boldsymbol{B} \cdot \mathrm{d}A = \int_{r_1}^{r_2} \int_0^l \mu_0 H_\phi \mathrm{d}r\mathrm{d}l = \int_{r_1}^{r_2} \int_0^l \mu_0 \frac{I}{2\pi r}\mathrm{d}r\mathrm{d}l = \frac{\mu_0 Il}{2\pi}\ln\left(\frac{r_2}{r_1}\right) \quad (3.68)$$

因为

$$\Psi = LI \quad\quad\quad\quad\quad\quad (3.69)$$

$$L = \frac{\Psi}{I} = \frac{\mu_0 l}{2\pi}\ln\left(\frac{r_2}{r_1}\right) \quad\quad\quad\quad (3.70)$$

注意，用相同的表达式来计算单位长度的电感（对传输线的提取），这里忽略了变量 l。

对磁通密度矢量 $\boldsymbol{B}$，往往出现这样的问题：在一个导体中电流产生的磁场中存在什么力？可以理解为给空间中的一个微分元 $\mathrm{d}l$ 与电流 I 和磁通密度 $\boldsymbol{B}$ 的乘积施加一个微分力 $\mathrm{d}\boldsymbol{f}$，或以矢量表示为

$$\mathrm{d}\boldsymbol{f} = I\mathrm{d}l \times \boldsymbol{B} \quad\quad\quad\quad\quad (3.71)$$

右手边形成一个矢量积，而矢量 $\mathrm{d}\boldsymbol{f}$ 的方向与 $\mathrm{d}l$ 和 $\boldsymbol{B}$ 所在平面正交并由右手定则确定。这种关系类似于由空间一个电荷所产生的力来确定。因此可以看出，一个电流也将产生一个力，由流过一个导体的方向和磁通矢量 $\boldsymbol{B}$ 的方向确定，如图 3.11 所示。

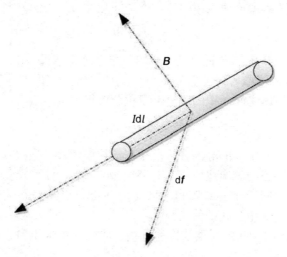

图 3.11　在空间中的微分电流的传输和相应的力

如果差动电流在一个磁场中运动，如一个电荷通过电场那样，那么在这个过程中会产生功。与在静电学中的讨论一样，能量也存储在磁场中。回顾前面关于电感中存储能量进行电源转换的讨论，如在 Buck 变换器中一样，能量可以被存储在任何电感中。第 2 章的能量关系适用于电流流过的任何电感。

$$W_m = \frac{1}{2}LI^2 = \frac{\Psi}{2L} \tag{3.72}$$

类似于储存在电场中的能量，对磁场有

$$W = \frac{1}{2}\iiint \boldsymbol{B} \cdot \boldsymbol{H} \mathrm{d}v = \frac{1}{2}\iiint \mu \, |\boldsymbol{H}|^2 \mathrm{d}v \tag{3.73}$$

式（3.73）是在磁场中能量储存的一个常用表达式，并直接遵循磁通的电路关系。在本章的结尾（及附录），这些公式将用于一些较常见几何形状的电感中。这将有助于阐明一些用于走线和电源平面互连几何图形的更常见的推导。

 ### 3.2.3　电导和电阻

有关静态场的第三个话题涉及在导体中的电场和电流。当一个电流通过一个导体时，电子发生碰撞，而这使得它们沿着导体本身的方向传送（作为一个整体），这个概念称为电流。电流是一定时间单位通过一个导体区域的电荷量，即

$$I = \frac{\mathrm{d}q}{\mathrm{d}t} \tag{3.74}$$

这通常是从电路的研究来理解的，通过一个导体区域的电流密度与电场有关：

$$\boldsymbol{J} = \sigma \boldsymbol{E} \tag{3.75}$$

式中　$\boldsymbol{J}$——电流密度矢量，单位为 $\mathrm{A/m}^2$。这称为材料的电导率，铜的电导率为

$$\sigma \approx 5.7 \times 10^7 \mathrm{S/m} \tag{3.76}$$

而电导率是电阻率的倒数

$$\sigma = \frac{1}{\rho} \tag{3.77}$$

电导率的单位为 Ω/m，而通常更为熟悉的术语是当需要计算一个结构的电阻时，给出的电导率值（或电阻率的倒数）是在 20℃ 或大约在室温下确定的。不同的金属有不同的电导率，这个常数在文献中或在网上很容易找到。

总电流通过对电流流过面积 $\boldsymbol{J}$ 积分得到

$$\oiint \boldsymbol{J} \cdot \mathrm{d}\boldsymbol{S} = I \tag{3.78}$$

式中　$\mathrm{d}\boldsymbol{S}$——该截面的微分表面。一个铜结构的电导率是 PI 工程师特别关注的，因为铜的电导率是有限的，并且会导致系统中的功率损耗。从前面对电阻的讨论可以看出，导体中的功率损耗为

$$P_{\mathrm{loss}} = I^2 \boldsymbol{R} = VI \tag{3.79}$$

功率损耗的单位为 W。每单位体积的功率损耗可以通过电场强度 $\boldsymbol{E}$ 和电流密度矢量 $\boldsymbol{J}$ 的点积得到

$$\frac{\mathrm{d}P}{\mathrm{d}v} = \boldsymbol{E} \cdot \boldsymbol{J} \tag{3.80}$$

总功耗通过对表达式在体积 v 的积分得到

$$P = \iiint \boldsymbol{E} \cdot \boldsymbol{J} \mathrm{d}v \tag{3.81}$$

式（3.81）称为焦耳定律。这个方程的使用说明如下。

例 3.6 求出图 3.12 所示圆形铜导线的电阻。假设电流均匀通过长度为 l 的导线。

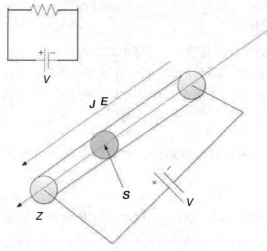

图 3.12 在空间的铜导线

解 由于电流是均匀的，故电流和电流密度为常数

$$I = \oiint J_z \mathrm{d}S = J_z \pi r_1^2 \tag{3.82}$$

注意在图 3.12 中，z 方向上的电流是电场方向。电场由电流得到，并且也是一个常数

$$V = - \int E_z \mathrm{d}l = E_z l \tag{3.83}$$

电压和电流的乘积等于在导体中的功率损耗

$$P = VI = J_z \pi r_1^2 \cdot E_z l = \frac{(J_z)^2}{\sigma} \pi r_1^2 l = I^2 R \tag{3.84}$$

带入电流 I 得到以下关系：

$$I^2 R = \frac{I^2}{\pi r_1^2 \sigma} l \rightarrow R = \frac{l}{\pi r_1^2 \sigma} \tag{3.85}$$

这是圆形导线的总电阻。

3.3　麦克斯韦方程

出于完整性考虑，现在讨论麦克斯韦方程。一个多世纪以来，麦克斯韦方程成为用于电气工程学科讨论场和电路关系的基础。当遇到与电学相关的问题时，麦克斯韦方程总是以一种或另一种方式出现。不过还不清楚麦克斯韦是否预见到这些方程将有用到什么程度，如果不清楚它们的数学和符号表示，那么许多伟大的进步，包括电脑就不会迅速出现。对 PI 工程师，这些是电路和场的行为以及基于它们的基本方程。由麦克斯韦方程引入了静电场的概念，而对于大多数的 PI 问题，静态近似已经足够了。因此这里只说明一般形式的麦克斯韦方程，感兴趣的读者可以参考本章末尾的参考文献去进一步研究这些方程。

麦克斯韦方程适用于时间和空间的变化，而它们一起形成的理论基础使工程师能够处理存在的几乎所有电学结构的电学行为的数学和物理的关系[⊖]。麦克斯韦方程的微分形式以及 MKS 系统如式(3.86)~式(3.89)所示。

$$\nabla \times H = \frac{\partial D}{\partial t} + J \tag{3.86}$$

$$\nabla \times E = \frac{\partial B}{\partial t} \tag{3.87}$$

$$\nabla \cdot B = 0 \tag{3.88}$$

$$\nabla \times D = \rho \tag{3.89}$$

再次注意这些是以简单的形式出现的。式（3.86）给出了安培定律，它表明磁场强度 H 的旋度等于电通量密度 D 随时间变化率与电流密度 J 之和，它主要描述磁场和电场之间的关系，量纲为 A/m^2。式（3.87）是法拉第电磁感应定律。通过各种巧妙的实验，法拉第发现一个磁场会感应出一个电场，或一个 EMF（电动势），从一个电路到另一个。在这样一个实验中，法拉第放入一根铁棍进出一个线圈并观察一个检流计指针的变化，从而表明通过感应可形成一个电场。法拉第定律的量纲为 V/m^2。式（3.88）是磁高斯定律。高斯基本上说明了没有磁单极子或磁性自由磁荷。只有磁性偶极子是由电流环路而不是自由电荷表示的，如在前面小节讨论的产生电场的电荷。式（3.89）是高斯定律，涉及一个通过表面的电通量和它包围的电荷。这类似于散度定理，这个方程的量纲为 C/m^3，如在方程右边看到的电荷密度。

在 1865 年，麦克斯韦发表了关于电磁学的文章，根据电磁波以光速传播的理论，基本上统一了这些方程。这一发现是物理学中一个重大的历史进步。

⊖　麦克斯韦的贡献是在安培定律添加中间项。麦克斯韦推测磁场不仅会由一个电流产生，也会由一个时变的电场产生。

3.3.1　波动方程

　　四个麦克斯韦方程一起简要地描述研究电磁场控制的宏观物理学。麦克斯韦观察到这些方程的解在不同介质中以电磁波的形式传播。大多数波表示为时间谐波；即场和波随频率和时间以及空间变化，如以下电场所示：

$$\mathscr{E}(x,y,z,t) = \mathrm{Re}\{E(x,y,z)\mathrm{e}^{j\omega t}\} \tag{3.90}$$

　　式中左边的电波符号表示一个时间谐波信号。在这里采用电磁场的实部并根据时间依赖性分离出来，以时间谐波方式表示该部分。电场和麦克斯韦方程的矢量可以用这种方式[6]表示。从电源产生的大多数信号是 TEM（横电磁波）或准 TEM，由于它们是在印制电路板上产生的，并且频率相对较低。如式（3.87）所示，通过假设电场是时间谐波对方程两边进行卷积

$$\nabla \times (\nabla \times E) = \nabla \times \left(-\frac{\partial B}{\partial t}\right) \tag{3.91}$$

$$\nabla \times (\nabla \times E) = -\mu \frac{\partial}{\partial t}(\nabla \times H) \tag{3.92}$$

　　由于时间谐波的假设不失一般性，故提出磁导率并得到相对于时间的导数。在方程的左边使用附录中的一个矢量，然后替代右侧旋度的关系，得到

$$\nabla^2 E - \nabla(\nabla \cdot E) = \mu\varepsilon \frac{\partial^2 E}{\partial t^2} \tag{3.93}$$

式中，为了简化起见，矢量符号（再次）被去掉而暂时假定为无损介质。如果在这个空间中没有自由电荷，则中间项变为零，这是由高斯定律得来的，因为 $\rho = 0$。因此，方程的解实际是时间谐波或正弦的函数，最后的结果为

$$\nabla^2 E - \omega^2 \mu\varepsilon E = \nabla^2 E - k^2 E = 0 \tag{3.94}$$

　　这是一种无损介质的波动方程（对于一个电场，可以为磁场导出类似的电场）。方程右边的变量 k 称为波数（或有时称为相位常数），它描述波矢量的大小，波数单位为 $1/\mathrm{m}$。波数可以以角频率和速度表示

$$k = \frac{\omega}{v} = \omega \sqrt{\mu\varepsilon} \rightarrow v = \frac{1}{\sqrt{\mu\varepsilon}} \tag{3.95}$$

对于真空，波的速度是 c，或光的速度：

$$v_{\mathrm{fc}} = c = \frac{1}{\sqrt{\mu\varepsilon}} \approx 3.00 \times 10^8 \mathrm{m/s} \tag{3.96}$$

式中　v_{fc}——真空的波速。信号的波长可以由波数与相速度计算

$$\lambda = \frac{2\pi}{k} = \frac{2\pi}{\omega \sqrt{\mu\varepsilon}} = \frac{2\pi}{2\pi f \sqrt{\mu\varepsilon}} = \frac{v}{f} \tag{3.97}$$

　　从 PI 的角度来看，在印制电路板中的波通常是由动态负载的变化和/或电源转换器的开关本身产生的。这将在后面的章节中看到，PI 的应用中关注的频带

通常是小于 1GHz 的。因此，静态场的概念在大多数情况下可近似用于实际结构。然而，对于一些问题需要用更准确的公式来获得正确的结果，特别是工作在损耗特别大的介质中时。

例 3.7 计算一个 100MHz 信号的波长，假设信号是 TEM 并且在磁导率为 3.6 的一个 FR – 4 的板中传播。

解 首先假设信号是在均匀介质中传播的。由于电流是均匀的，故电流和电流密度为常数。用式（3.97）得到

$$\lambda = \frac{v}{f} = \frac{1}{100 \times 10^6 \ \sqrt{\mu \varepsilon_r \varepsilon}} = \frac{300 \times 10^6}{100 \times 10^6 \ \sqrt{3.6}} \tag{3.98}$$

如预期的那样，其结果单位为 m。

 3.3.2 无损和有损介质

这里主要讨论无损介质，即当一个信号通过一个介质或为一个结构供电时，它具有很小的损耗或没有。然而在实际中，真正的导体是有电阻的并消耗功率。如果一个信号或波传输到一个无损介质，则该介质不会产生任何实际功耗。然而如果介质是有损的，那么在信号中将观察到功率损耗。要看这是如何发生的，则要适当回顾正弦变化的波的安培定律。如果没有传导损耗，则安培定律变为

$$\nabla \times \boldsymbol{H} = j\omega \varepsilon \boldsymbol{E} + \sigma \boldsymbol{E} = j\omega \varepsilon \boldsymbol{E} \rightarrow \sigma = 0 \tag{3.99}$$

对有损介质，解为

$$\nabla \times \boldsymbol{H} = (j\omega \varepsilon + \sigma)\boldsymbol{E} = j\omega \varepsilon \left(1 - j\frac{\sigma}{\omega \varepsilon}\right)\boldsymbol{E} \tag{3.100}$$

式（3.100）中的第二项称为损耗角正切

$$\tan\phi = \frac{\sigma}{\omega \varepsilon} \tag{3.101}$$

许多材料的损耗角正切可以在互联网或许多教科书的表格中找到。对一个良导体，发现

$$\frac{\sigma}{\omega \varepsilon} \gg 1 \tag{3.102}$$

现在转回到波数式（3.95），如果在这个常数中添加衰减，那么新的常数可以被分解为一个实部和一个虚部

$$\gamma = \alpha + j\beta \tag{3.103}$$

式中 α——衰减常数；

β——相位常数（与 k 相同）；

γ——传播常数。

如果要求解衰减常数，并假定波在一个良导体中传输，则结果为

$$\alpha \approx \sqrt{\frac{\omega\mu\sigma}{2}} \qquad (3.104)$$

这个倒数称为趋肤深度

$$\delta = \sqrt{\frac{2}{\omega\mu\sigma}} = \frac{1}{\sqrt{\pi\mu f\sigma}} \qquad (3.105)$$

这是一个导体的厚度，一个信号可以在一个给定的频率沿一定的厚度传播，以保持其大小与 e^{-1} 或 36.8% 成正比。在第 2 章中简要讨论过趋肤的深度以描述电感或在互连设计中与频率有关的损耗。通常它是用来确定在一个给定的频率下一个渗透到导体的电流波形（如铜）。在确定传播到一个铜平板时 AC 波形的损耗时，有时最好是去做一个趋肤深度检查，以确保损耗是可控的。

例 3.8　确定例 3.6 中一个铜板在 20°C 时信号的趋肤深度。如果板厚度为 1mm，则将会有额外的损耗，即电流在铜导线的穿透厚度会小于给定的吗？

解　所有变量的值如下所示，温度只影响铜的电导率，所以以下值是正确的：

$$\sigma \approx 5.7 \times 10^{7} \text{S/m}$$
$$f = 100 \times 10^{6} \text{Hz}$$
$$\mu_0 = 4\pi \times 10^{-7} \text{H/m} \qquad (3.106)$$

因此

$$\delta = \frac{1}{\sqrt{\pi\mu f\sigma}} = \frac{1}{\sqrt{\pi \times 5.7 \times 10^{7} \times 100 \times 10^{6} \times 4\pi \times 10^{-7}}} = 2.11\mu\text{m}$$
$$(3.107)$$

如果电流从两边穿过，那么总电流密度将达到 4.22μm 深。这是铜板的 1/250，信号会有显著的损耗，因为电流将驻留（主要）在金属的趋肤深度内。

3.4　实用和简单的电路提取

前面已证明了一些基本的概念可以帮助求解一些基本的 PI 第一主电路的提取。在最后一节中将给读者介绍一些常见的提取方法。这里的重点将是一些电感的提取和一个电阻的提取，由于在 PI 中遇到许多问题所涉及的电容通常较小，这将在第 4 章和一些练习中留给读者理解。目的是让 PI 工程师在出现问题时使用这些公式和概念。这些是比较常见的解析形式的结果（如在本章中所示的），并且可以在一些教科书甚至网络上找到。为清晰起见，将它们提供给读者。

3.4.1　电源平面电感

电路中遇到的一个比较常见的就是电源平面[8]电感，第一原理的近似是简单的，其结果可以用在 PI 的许多常见问题中。即使是比较复杂的几何形状的估算，也可以应用这个方程。图 3.13 所示为在空间分隔的两个平行板。留意以下参数：

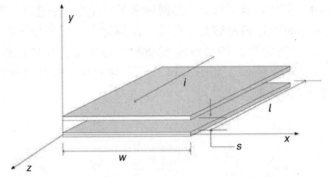

图 3.13　在空间用于计算电感的两个平行的板

$$s \ll w, l \tag{3.108}$$

式中　s——板间的间隔；

　　　w——每块板的宽度；

　　　l——长度。

在板顶上显示一个电流 i 沿 z 方向流动，而底部的返回电流沿相反的方向流动。假设在整个板上的电流是均匀的，而再次忽略边缘场。目标是计算在直角坐标系中给出尺寸的板的电感。第一个目标是确定在 z 方向上的磁场

$$I = \oint \boldsymbol{H} \cdot \mathrm{d}l = \int_0^w H_z \cdot \mathrm{d}x + \int_w^0 H_z \cdot \mathrm{d}x \tag{3.109}$$

沿边缘的积分（记住积分环路是沿包含电流的导体）被忽略。由于在相同和相反方向的电流，所以关注的是沿一个导体的积分，并且假定在顶部有一个 H_z 方向的场，也可以添加到全封闭电流中。然而，在 $y = 0$ 平面的电流磁场可以忽略，由于根据定义，在顶部导体上的磁场基本为零（如板的宽度和长度相对间隔是较大的）。使用这些近似，得到

$$I \approx \int_0^w H_z \cdot \mathrm{d}x \rightarrow H_z = \frac{I}{w} \tag{3.110}$$

现在替代法拉第方程中的 H_z，如例 3.5 中所做的。积分是通过对板之间的横截面积积分以确定通过区域的总通量

$$\Psi = \oiint \boldsymbol{B} \cdot \mathrm{d}A = \int_0^l \int_0^s \mu_0 H_z \mathrm{d}z \mathrm{d}y = \int_0^l \int_0^s \mu_0 \frac{I}{w} \mathrm{d}z \mathrm{d}y = \frac{\mu_0 I l s}{w} = LI \tag{3.111}$$

这一结果可用于许多简单的近似，它是 PI 工程师的工具箱中一个极为有用

的补充。像往常一样，应先检查假设，尤其是工作频率。如果有很好的趋肤深度，则这种关系将不会成立而必须加上由于趋肤深度引起的电感（或在这种情况下的内部电感）[8]。

 3.4.2 **在空间两极圆形导线的电感**

本节将对在空间中两极平行导线的两种常用的计算方法进行讨论，假定每根导线的相对半径和间隔距离足够长，此外，间隔远大于任一导线的半径[16]。出于所有的考虑，首先假设磁场与电流流动的方向正交。这允许使用静态近似（此处假设电流也是静态的），如图 3.14 所示。注意导线有不同的半径，这是要求解在两种情况下的一般情况。

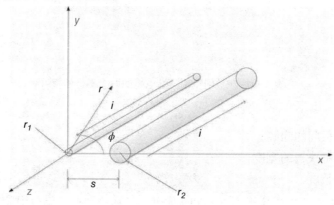

图 3.14 在空间两根半径不同的平行导线

因为每根导线传输一个电流 i，所以目标是找到电流通量总的贡献。此处，首先给出以下假设：

$$s, r_1, r_2 \ll l \quad \text{和} \quad r_1, r_2 < s \tag{3.112}$$

假定两根导线近似为理想的导体，即场不会穿过导线（如无趋肤深度）。对于好的导体，这是一个合理的假设。此外，假定在电路的关系中，每根导线是通过在每一端封闭的电路连接的，从而通过每根导线有相同的电流。在例 3.5 中采用柱坐标，计算从每根导线产生的总通量的贡献

$$\Psi = \oiint \boldsymbol{B} \cdot \mathrm{d}A = \int_{r_1}^{s-r_1} \int_0^l \mu_0 H_\phi \mathrm{d}r\mathrm{d}l + \int_{r_2}^{s-r_2} \int_0^l \mu_0 H_\phi \mathrm{d}r\mathrm{d}l \tag{3.113}$$

注意第二根导线的积分从 r_2 开始。这是因为积分的方向是从第二个导体的边缘开始的。对式（3.113）积分得到

$$\frac{\Psi}{I} = L = \frac{\mu_0 l}{\pi} \ln\left[\frac{(s-r_1)(s-r_2)}{r_1 r_2}\right] \tag{3.114}$$

半径相等的特殊情况下得到第二个方程

$$L = \frac{\mu_0 l}{\pi} \ln\left(\frac{s-r}{r}\right) \tag{3.115}$$

和在电缆的结构中一样，式（3.114）和式（3.115）对导线之间电感的近似是有用的。对 PI 的问题，这意味着一对从电源路由到一个印制电路板的电缆。

现在研究前面结构的一个变化形式，如图 3.15 所示，一个小的导线位于一个小的或无限大的平面上。平面和导线（靠近中心）之间的间隔为 h，目标是确定这个平面上导线的电感。如果通过导线的电流是均匀的（如在本节前面的假设），那么导线可以由一个与平面底部有相同间隔 h 的镜像导线[5]取代。同时假定平面厚度可以忽略，以便通过前面方程以类似的方式来确定磁场

$$\oint_0^{2\pi} H_\phi r\mathrm{d}\phi \to H_\phi = \frac{I}{2\pi r} \tag{3.116}$$

这和前面的结果相同。现在的目标是计算总的通量

$$\Psi = \oiint \boldsymbol{B} \cdot \mathrm{d}\boldsymbol{A} = \int_{r_1}^{h-r_1} \int_0^l \mu_0 H_\phi \mathrm{d}r\mathrm{d}l \tag{3.117}$$

注意积分只是通过面积的一半。得到的电感为

$$L = \frac{\mu_0 l}{2\pi} \ln\left(\frac{h-r_1}{r_1}\right) \tag{3.118}$$

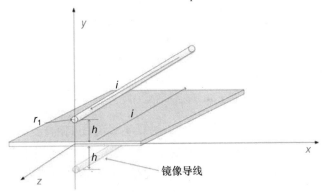

图 3.15　在一个大或无限平面上的导线

应该记住的是，通常在 PI 方面遇到的所有问题（一些典型的问题可能例外）结果是接近实际的。因此，使用一个好的场解算器处理复杂的物理结构是理想的，因为用作任何解析形式的估算都不太准确，不能用作估算。

3.4.3　在一个电源平面的两个通孔之间的电阻

接下来的问题是一个简单电阻的计算。假设铜片在 $x-z$ 方向很大并且通孔之间的间隔比每个通孔的半径大，如图 3.16 所示。注意每个通孔直径为 r，电流从一个通孔流到下一个。法拉第定律可以用来计算从通孔到导体中的某一点 r 的

电压

$$V = \int E_{\phi} r \mathrm{d}r = \int \frac{J_{\phi}}{\sigma} r \mathrm{d}r = \frac{J_{\phi}}{\sigma} 2\pi r \rightarrow J_{\phi} = \frac{V\sigma}{2\pi r} \qquad (3.119)$$

这里再次采用柱坐标。总电流可以通过从一个通孔到下一个通孔的面积分得到

$$I = \oiint J_{\phi} \cdot \mathrm{d}S = \int_{r}^{s-r} \int_{0}^{t} \frac{V\sigma}{2\pi} \mathrm{d}r \mathrm{d}t = \frac{V\sigma t}{2\pi} \ln\left(\frac{s-r}{r}\right) \qquad (3.120)$$

现在，通孔之间的电阻等于电压除以电流

$$R = \frac{V}{I} = \frac{2\pi}{\sigma t \ln\left(\frac{s-r}{r}\right)} \qquad (3.121)$$

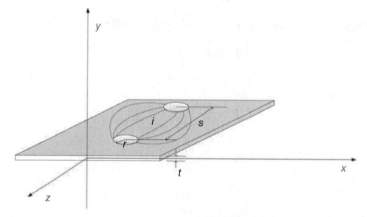

图 3.16　在铜平面的两个通孔

注意，首先在式（3.121）中的通孔被认为具有相同的尺寸，这是通孔尺寸大小不等的一个特殊情况下的更一般的结果；其次，积分式（3.120）中的面积分是厚度乘以微分半径，这只有当间隔距离相对半径稍大时成立，一般这个数应该大于5[16]。对于目标是确定在一个平面上从一个给定的源进入一个通孔的电流，这个结果对许多问题是适用的。通常工程师着手解决电流密度超过通孔的指标和电迁移出现的问题，这些问题中的一些将在后面的章节中讨论。

3.4.4　公式适用性说明

在本章以及附录中的公式是对具体问题的解析形式的估计，因此必须注意这些假设。例如，式（3.115）只有当导线之间的间隔是导线本身半径5倍以上时是有效的。虽然在大多数情况下，当公式被用作一个估算时，它可能稍微违反确定一个通用值的这些限制。尽管如此，使用任何解析形式的公式而没有明确了解它的局限性之前，读者应当谨慎。记录限制和讨论每一个可能的边界误差超出了

本书的范围，因此，关于如何正确应用这些概念，读者可以参考本章的参考文献。在接下来的章节中，将再次采用这些公式并给出对它们的限制的讨论。

3.5 小结

作为即将进行的 PI 分析的基础，在本章对许多电磁结构的基本概念进行了综述。这个介绍是有限的，因为讨论的概念仅适用于手头的问题。建议读者参阅本章后面的参考资料以进行一个更深入的研究。

本章开始回顾了用于矢量微积分的矢量，然后讨论了三个最常见坐标系中的两个，即直角坐标和柱坐标。在电源完整性研究中遇到的许多问题都采用这两个坐系，柱坐标在附录中进行讨论。下一个问题是一些常见的矢量运算和矢量微积分公式的概述，包括散度定理和 Stoke 定理，帮助读者了解即将使用的公式。本章的主要概念是关于静电场，特别是利用第一原理分析来提取与静电和静磁的基本原理相关的电路元件。讨论的重要的数量关系包括静态电场的安培定律、法拉第定律和高斯定律。在静电部分，讨论集中在沿电场的电荷以及一个电场如何做功，这导致了电通量矢量 D 的引入。此外，对电容概念进行了一些详细讨论，并给出了几个如何计算这个重要指标的例子。在静磁部分，对磁场通量分析帮助引入了磁场密度矢量 B。引入了电感的概念，而一些实例说明针对一些问题如何使用第一原理来计算。最后，解决了传导、电流密度和电阻问题并定义了电流密度矢量 J。

在 3.3 节对麦克斯韦方程和波动方程进行了介绍，同时对趋肤深度和波数进行了一个简短的概述。本章对常用电路提取的讨论进行了总结，而其适用性将在后面的章节中探讨。一些常见的几何形状的电感在附录的表格中给出。

习 题

3.1 在例 3.1 中如果矢量 A 减去矢量 B，而 y 分量乘以 -1.4，那么新的矢量 C 大小和角度是多少？

3.2 利用 Stoke 定理确定矢量 F 的表面积分为

$$F = 3y^2\boldsymbol{u}_x + 7xy\boldsymbol{u}_y + yx^2\boldsymbol{u}_z \tag{3.122}$$

3.3 求解例 3.2 电容中的电场 E。总的作用力是多少？

3.4 如果在方程中给定电场而 V_a 和 V_b 位置分别为（2，1，4）和（3，7，9），那么电压是多少？将电荷从 a 点移动到 b 需要做多大的功？

$$E = x^3 u_x + 2x u_y + z^2 u_z \tag{3.123}$$

　　3.5　一个 1m 长，内径为 1.5mm，外径为 4.5mm 的同轴电缆的电容是多少？

　　3.6　求出前面习题中的电感。如果有 30mA 的 DC 电流通过，那么电缆的电感部分存储了多少能量？

　　3.7　在 20℃ 确定在矩形铜线的功率损耗，如果导线厚度为 1mm（0.001in），宽为 0.100in，长为 1.3in。如果铜的厚度和长度与宽度相同，则计算铜"每个方块欧姆数"。整个长度有多少个方块数？

　　3.8　对于在介电常数为 4.2 的介质中运行的一个平面波的波长是多少？相位速度是多少？如果信号是在 1.5in 长的同一介质中以 130MHz 的频率运行，那么在该介质中将驻留多少个信号波长？

　　3.9　计算一个 100MHz 信号在铜中的趋肤深度。如果导线宽度为 1mm，长度为 3mm，电流幅值为 1A，则有多大的功率损耗？

参 考 文 献

1. Chew, C. C., et al. Fast solution methods in electromagnetics. *IEEE Trans. Antennas Propag.*, vol. 45, no. 3, 1997.

2. Mittra, R. Whiter computational electromagnetics? A practiioners look at the crystal ball. IEEE Computation in Electromagnetics Conference, 2008.

3. Zhu, Y., and Cangellaris, A. C. *Multigrid Finite Element Methods for Electromangetic Field Solving*. Wiley, 2006.

4. Sadiku, N. O. *Numerical Techniques in Electromagnetics*. CRC, 1992.

5. Paul, C. R., and Nasar, S. A. *Introduction to Electromagnetic Fields, 2nd ed*. Wiley, 1987.

6. Balanis, C. A. *Advanced Engineering Electromagnetics*. Wiley, 1989.

7. Marshall, S. V., DuBroff, R. E., and Skitek, G. G. *Electromagnetic Concepts and Applications*, 4th ed. Prentice Hall, 1996.

8. Hayt, W. H. *Engineering Electromagnetics*, 4th ed. McGraw-Hill, 1981.

9. Ramo, S., Whinnery, J. R., and Van Duzer, T. *Fields and Waves in Communication Electronics*, 3rd ed. Wiley, 1994.

10. Goddard, K. F., Roy, A. A., and Sykulski, J. K. Inductance and resistance calculations for isolated conductors. *Science, Measurement and Technology, IEE Proc.*, Vol. 152, no. 1, 2005.

11. Kim, J., et al. Inductance calculations for plane-pair area fills with vias in a power distribution network using a cavity model and partial inductances. *MTT, IEEE Trans.*, vol. 59, no. 8, 2011.

12. Ruehli, A. E. Inductance calculations in complex integrated circuit environment. *IBM J. Res. Dev.*, vol. 16, no. 5, 1972.

13. Grover, F. W. *Inductance Calculations*. Dover, 1952.

14. Hernandez-Sosa, G., and Sanchez, A. Analytical calculation of the equivilent Inductance for signal vias in parallel planes with arbitrary P/G via distribution, in complex integrated circuit environment. ICCDCS, 2012.

15. Zhou, F., Ruehli, A. E., and Fan, J. Efficient Mid-frequency Plane Inductance Calculation. POWERCON, 2010.

16. Paul, C. R. *Introduction to Electromagnetic Compatibility*. Wiley, 1992.

17. Leferink, F. B. J. Inductance calculations: Methods and equations. *IEEE Int. Symp. Electromagnetic Compatibility Symposium Record*, 1995. pp. 16–22.

18. Leferink, F. B. J., Van Doom, M. J. C. M. Inductance of printed circuit board ground planes. *IEEE Int. Symp. Electromagnetic Compatibility Symposium Record*, pp. 327–329, 1993.

19. Leferink, F. B. J. Inductance calculations: Experimental investigations. *IEEE Int. Symp. Electromagnetic Compatibility Symposium Record*, pp. 235–240, 1996.

20. Hoer, C., and Love, C. Exact inductance equations for rectangular conductors with applications to more complicated geometries, *J. Res. National Bureau of Standards-C Engineering and Instrumentation*, vol. 69C, no. 2, 1965.

第4章　电源分布网络

电源分布网络的 PDN 分析一直是 PI 工程师主要关注的技术。它包括在频域源和负载之间分布路径阻抗的测量。研究这个网络的原因不仅仅是简单地查看在封装的电压降，还是通过理解 PDN 揭示的临界信号行为，而通常可以通过用硅团队最少的信息完成分析。从负载到源的电源信号的效率也是在系统的电源行为完整性中的一个重要因素。此外，在阻抗分布中关键是峰值谐振的振幅和频率，可以获得关于潜在电动势下降可能发生的位置。因此，研究通常包括分布路径，但有时也包括在系统内的负载和源（系统负载和源将在后面的章节中进行研究）。

分布路径包含电源平面、寄生参数，有时还包括一个插槽、一个封装及负载和源之间的去耦。源通常是指硅的电压调节器与负载的行为。在分析这个系统来了解其整体行为时，通常用 SPICE 或基于数学的程序。实际上，许多很好的工具可以做这个工作，并鼓励读者选择一个适合他们所熟悉的环境工具。本章主要考虑为建立和求解 PDN 问题提供的基本概念。最初，它将依靠第一原理，以证明它们至少在检查仿真结果方面的作用。然后讨论分解路径，分析各部分，然后把各部分再结合起来形成一个连贯的 PDN，并且在最后给出用于分析 PDN 的方法。

4.1　电源分布网络概述

对于一个特定的电源路径，PDN 包括所有电源传送系统正常功能的关键路径元件。其中的关键是电源转换器、电源分布网络和负载。一个高性能的 PDN 可能要考虑许多复杂的元件。高端计算机平台是在路径中有多方面要素系统的例子，特别是在电源分布网络或进出硅负载的路径。根据复杂程度，这意味着元件的几何形状和它们的提取值与其他结构相比通常更难分析。在这些系统设计电源分布路径时需要对整个系统的电源传输效能有一个深入的理解。无论互连是在硅器件内部还是在印制电路板或封装内部，牢固掌握电源和负载之间互连的基本知识是至关重要的。

如今，在电子系统中先进的硅器件都需要高品质的电源传输。这些器件中的微处理器广泛用于计算机平台。从移动设备到大型复杂的服务器，它们都被认为是平台的主力。在使用高性能微处理器的计算机平台上，不仅印制电路板的电压和相关的容差要求是严格的（支持这些器件），而且动态和静态电流通常很大，使得分布路径的处理和电源传输的转换器设计面临相同的挑战[1]。

图 4.1 所示为一个双处理器插槽的服务器主板的说明，显示了沿图底部一些电源转换器元件以及在散热片下的两个高性能微处理器。因为如今的服务器主板通常具有一些关键元件，如内存插槽、其他子卡额外的插槽、一个内存控制器和一个桥接接口装置，需要多个电压转换器给所有这些元件供电，而提供给它们的电源必须有比较高的质量[2]。

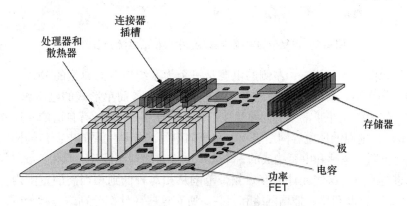

图 4.1 双插槽服务器主板

由于正常运行时会出现高动态和静态电流，故微处理器也经常面临非常具有挑战性的电源传输和分布系统的设计。当这些器件是多核处理器时（一个单一的硅器件内有多个计算单元），需要多个电压调节器给不同功能的芯片供电[3]。变频器给器件的各部分供电则需要多个功率 MOSFET（在图 4.1 底部大的加黑器件）作为转换过程的一部分来传输大电流（见第 2 章）。每一个硅器件可以使用超过 100A 的静电流和上千安每微秒或更快的速度转换[4]。然后需要多个电感和电容储能并为子系统链接进行适当的滤波。显然，需要更多的考虑来正确规划和设计转换器，以确保电源传输的布局布线和满足系统电源传输需求的电源转换器元件的选择。第一步（通常）是将物理结构转换成一个简单的显示分布连接特性的电学表示，如例 4.1 所示。

例 4.1 确定在图 4.1 的分布路径中没有给出基本元件的值。假定每部分都是简单的集总元件。

解 第一步要注意的是在分布路径上有五个基本的离散部分，即电压调节器、PCB（印制电路板）网络从 VR 到插槽、插槽下的分布和插槽互连、封装互连到芯片以及芯片互连和负载，如图 4.2 所示。

因此，要用电学分析图 4.1 中的电源路径，需要画出一个简单的电路来分解在

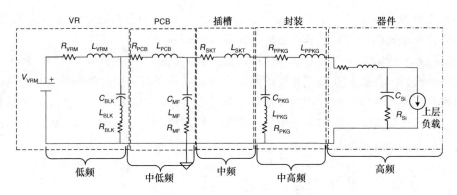

图4.2 在复杂的电源传输系统中典型的电源分布路径

路径中的元件。从左到右，左侧的电源是一个为系统供电的典型的 DC – DC 降压转换器（如在第2章讨论的）。这包括一些寄生元件最简单形式的电压源[⊖]。电源变换器中的无源元件通常用于低频滤波工作。稳压器（VR）有自己的互连并由一个简单的 LR 电路的体电容网络表示。系统的中间部分是主要的电源传输网络或路径。这是电阻、电感和电容构成的一个无源网络，物理连接并对源和负载之间的电源传输进行滤波。这些元件的有效频带范围从相对较低到相当高的范围内，见表4.1。这个是 PCB PDN、插槽网络和封装。所有这些元件都分别或一起分析，以确定其有效性。在图4.2右边的最后一部分是实际的负载。这是系统内部连接到硅和外部连接到负载晶体管的地方（在图4.2中表示为一个集总的电流源[⊖]），以及片上去耦，这通常是由一个 RC 网络表示的，通常包括在 PDN 分析中。

当图4.2中的电源从左边传输到右边时，滤波的有效工作频带会增加。这是因为每个区域内的寄生效应（主要是滤波电容和并联元件）在更高的频率随着电源远离负载，传输电荷变得不那么有效了。每个部分的典型频带见表4.1。注意，这些值是在一定范围变化而不是不变的。

表4.1 高性能 PDN 分布阻抗典型的频率范围信息

阻抗区域	有效的频带
VR	10～500kHz
PCB	100～750kHz
插槽	500kHz～5MHz
封装	1～15MHz
硅器件	10～100MHz

⊖ 注意接地分布反映到电压网络，通常包含在大多数 PDN 但不涉及 PDN 的细节。这里只显示完整性。

⊖ 通常这只是多路转换器中的一个，是一个多核处理器所需要的。

如图 4.2 中所示的分布一样，由于物理分布路径上的寄生参数是连续的（串联电感和电阻），所以频带通常会交叠。电容包含其自身的寄生参数，而它们的工作是通过自身的阻抗曲线（通常）、使用（插入寄生参数）和类型确定的。这些电容中许多位于印制电路板和硅器件的封装衬底，旨在提高电源传输路径的质量。通常工程师在每个计算之前分别分析各个部分，最终积分整个 PDN 以确定其整体阻抗和效果。

通常，对于分布类似于（理想的）从源到负载的一个衰减传输线阻抗是理想的[2]。在低频率下从有源负载回看，路径看起来像一个相对恒定的阻抗，并且在路径中的谐波在大多数工作频率下不存在，以减轻器件处于有源时大电压瞬变并快速地切换[5]，图 4.3 显示了这可能是什么样子。对频率的依赖性是在网络的电阻部分，以确保 VR 产生的高频噪声衰减而低频分量通过。此外，从一个步进负载变化的角度来看，希望尽可能快的从最近的电荷源抽取电荷，这就是为什么靠近负载的阻抗最低。

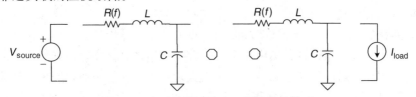

图 4.3　衰减的电源分布网络的简单模型

图 4.4 所示为相对于示意图这个阻抗分布是什么样子。总体分布的阻抗在相

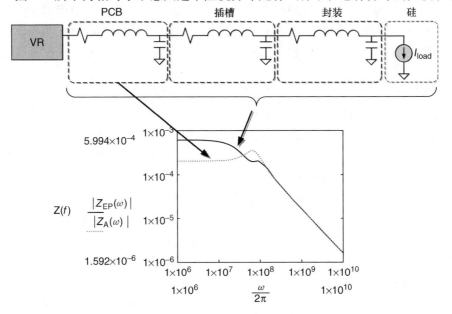

图 4.4　一个"理想"电源路径的例子

对于负载的某个工作频率衰减以确保相对电压降（ΔV）不超过规定范围。因此，每部分由一个串联的与频率相关的电阻、一个串联的电感和一个并联的电容构成。这意味着电抗部分仅仅是一个理想的传输线单位长度的 LC 部分。随着频率的增加超过一个特定点，实部值减小，而整体阻抗如上所述允许电荷迅速移动到负载。虽然这种方法增加了网络中的损耗，但在低频带，下降事件更容易通过硅负载附近较低的 PDN 阻抗而减轻。

虽然需要阻尼结构，而利用集总元件会使工作更容易，当试图对这个简单的网络有一个基本的了解时，使用第一原理具有一定的局限性。首先，一个阻尼传输线结构的阻抗曲线在建模时并不总是看起来光滑的，特别是当各部分是由较大的集总元件构成时。集总元件可以在实际的模型中产生不存在的谐振。在实际的 PDN 电路建模时这也会产生。必须注意以确保足够的部分用来预测所需建模的精度范围内的行为。图 4.5 说明了随着集总部分数目的增加，阻尼电源分布网络看起来像什么。这个简单的建模练习是为了强调这个谐振行为。正如预期的那样，谐振被看作是一个单一的部分，而在曲线的任一边阻抗开始衰减。这也表明在分布路径的元件太少会导致实际路径严重的失真。图中的下一个阻抗曲线有八部分。这里存在多重谐振，但由于子部分数量的增加，分布慢慢开始变平并移向频谱的下端。最后的分布显示了一个更大数量的集总元件，而在频率变得非常高之前阻抗是平坦的。在许多情况下，阻抗的增加预计会发生在一个低带宽的点，因为材料的行为（通常在铜平面 PDN 各部分的厚度）随信号穿越网络而变化。注意，在这个例子中阻抗在 10dB/10 倍增加。这是由高频电流引起的，由于在这些 PCB 和封装层开关电流的高频特性，它可能比实际的趋肤深度更厚。理想的 PDN 将仅抑制那些无用的频率成分，并使电源信号 DC 部分几乎没有损耗的传输到负载。

带宽或 PDN 频谱范围往往超出负载和源的基本开关频率。因为这个负载器件的开关行为，对阻抗在一个相当宽的频谱范围进行了研究。从 DC 到 GHz 范围，由负载产生的谐波分布看起来几乎是白噪声。PI 工程师必须考虑一个受控阻抗的分布路径，有点像一个阻尼传输线，是因为这一宽的频率范围在负载的谐波分量内。在最小的无障碍区域，PI 工程师在大多数情况下可以设计这样的 PDN 结构[4]。然而，在实践中，由于许多原因而特别难以实现，其中一些内容超出了本章的范围。这是 PI 工程师和系统设计师通常从一个物理布局开始，然后分析由硅和封装工程师提交给他们分布的一个根本原因。根据约束条件，一旦从物理上和电学上理解了这个网络，随后的步骤通常是分析。下一节将介绍在路径上的元件以及如何使用第一原理的方法对它们进行分析。

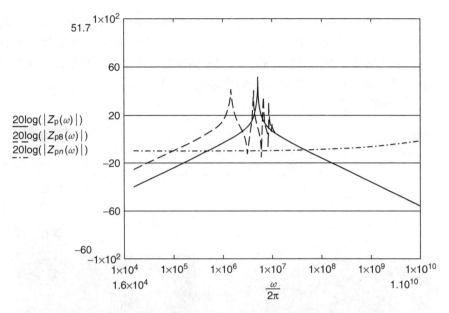

图 4.5　对 1、8 和 16 个集总部分阻尼的 PDN 阻抗分布

4.2　PDN 元件

　　一个高性能的网络在组合成一个完全的 PDN 之前，从第一原理研究每一个构成这个分布的主要部分是必要的，即 PCB、插槽和封装分布。尽管许多器件不需要一个插槽而直接焊接在 PCB 上，但在寻找其他的封装类型之前熟悉这个元件的影响还是有用的。这些元件中最简单的是 PCB。

 4.2.1　PCB 网络

　　印制电路板互连是在电压调节器和插槽或芯片封装之间的分布。图 4.2 所示为这个网络的一个非常简单的集总元件的分布。然而，在实践中，这部分的 PDN 简单或复杂取决于在系统中应用和设计的约束。在复杂的情况下，网格模型可用于模拟构成分布网络的不同部分。通常，在它结束连接到插槽之前，PCB 网络横跨多个电源和接地平面[⊖]。这意味着在这样的路径连接需要通孔，会增加路径的电阻和电感而影响 PDN 阻抗分布。在第 6 章中，将使用分割的方法来说明多平面结构如何连接，在本章中只介绍简单的平面元件，而建模有助于说明该方法。

　　图 4.6 所示为一个 PCB 互连的横截面和俯视图，电流流出电源转换器进入

　　⊖　这里的"插槽"是通用的，可以代表 PCB 和封装之间的任何用途。

第一个平面。由于在板上高性能器件间的信号路由，布图工程师通常在许多的限制条件下工作，所以 PDN 层正确放置可能是一个挑战。在如今的高性能计算机平台，由于严格和复杂的电源分布，电源平面通常首先路由，特别是当多电源轨和一个（潜在的）相对大的信号密度相关时。

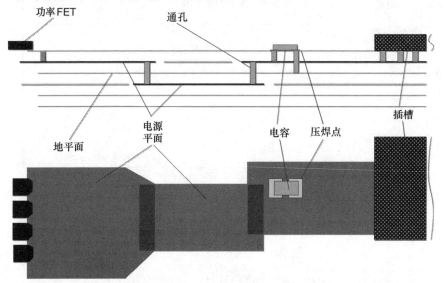

图 4.6　简单的 PCB 分布的横截面和"平面俯视"说明

在该模型中，如图 4.6 所示每个部分都可以有多个要素和多个元件，主要是电容和它们的寄生参数。目的是表达路径中的突出元素来深入了解其行为。在图 4.6 所示情况下，并不是显示所有的元素，因为这只是出于说明的目的。下一步是表示一个结构，如在图 4.6 中一个简单项来正确地对其进行建模。下面的例子用来说明如何从这条路径的一部分提取寄生参数。

例 4.2　使用表 4.2 中的数据，模拟在图 4.6 的最左侧进入到图右边的第一个平面。使用第 3 章的第一原理方法和方程确定电感和电阻。假设在左侧和右侧进入通孔的电流分布是一样的，且电感的接触宽度和平面通孔在平面本身的宽度上是均匀的。此外，假设电流沿右侧的锥形流入并直接下降进入右侧边缘（为了简单起见）的通孔。

表 4.2　左边和右边计算的数据

平面/对参数	量纲
非锥形部分长度（端到边缘）	3in
非锥形部分宽度（边缘到边缘）	1.5in
厚度（金属）	0.0014
通孔行（在左边）	3
通孔间隔（行到行）	0.1in
介质厚度	0.008in

（续）

平面/对参数	量纲
通孔（中心到边缘）	0.075in
温度	40℃
锥形部分长度	0.5in
锥形部分宽度（较小的边缘）	1.2in

解 如果计算被分成两部分，那么求解很容易，首先求解平面不是锥形部分，然后求解锥形部分。先使用表4.2中的数据来计算电感。一个重要的考虑因素是从哪里开始和结束进出平面的电流分布。如果有三排通孔从左边进入第一个平面（如从顶表面下降进入平面），那么接下来的问题就是要在哪测量电感和电阻。对于第一原理估计，电流沉平均点通常是这个最好的地方，即在通孔区域的中间行。在一个实际的设计中，这是一个电流不会流入的通孔区域，所以最好的地方是假定电流分布结束在平均电流最接近通孔区域中间。如果通孔的间距为0.1in，则平面的有效长度为

$$Len_{eff} = Len - Via_{CtE} - 0.1 = 2.825 \times 25.4 \approx 75.8mm \tag{4.1}$$

电感由式（3.111）估算

$$L = \frac{\mu_0 ls}{w} = \frac{4\pi \times 10^{-7} \times 75.8 \times 0.2 \times 10^{-7}}{38.1 \times 10^{-3}} \approx 500pH \tag{4.2}$$

电阻可能会以类似的方式计算，但必须考虑温度。铜的电阻每上升1℃的变化约为0.43%。那么，电阻可以由式（4.3）估算

$$R = \frac{2l}{A\sigma} = \frac{2 \times 75.8 \times 10^{-3}(1 + 20 \times 0.0043)}{0.036 \times 10^{-3} \times 38.1 \times 10^{-3} \times 5.7 \times 10^7} \approx 2.1m\Omega \tag{4.3}$$

注意所有电源和地平面的电阻系数均为2。对锥形部分的计算是相似的，除了电感和电阻现在只是对每个部分的两个极端宽度的平均

$$L = \frac{4\pi \times 10^{-7} \times 12.7 \times 10^{-3} \times 0.2 \times 10^{-7}}{34.3 \times 10^{-3}} \approx 93pH \tag{4.4}$$

而电阻为

$$R = \frac{2 \times 12.7 \times 10^{-3}(1 + 20 \times 0.0043)}{0.036 \times 10^{-3} \times 34.3 \times 10^{-3} \times 5.7 \times 10^7} \approx 0.39m\Omega \tag{4.5}$$

因此，总的电感和电阻为

$$L_{tot} \approx 590pH, R_{tot} \approx 2.5m\Omega \tag{4.6}$$

而这些仅仅是近似的，它们可以是以后将构建的更详细模型一个很好的初步检查。

对PCB分布的PDN网络可以由许多元件构成，包括若干不同的电容结构。再次参考图4.6。注意，每个平面部分有一定量的电容与之相关。如果PI工程师试图仿真一个阻尼传输线的种类，则这一点将是显而易见的（或只是简单地开

发最佳的 PDN）。可能会问的第一个问题是什么类型的电容以及多大？这通常需要采用迭代方法来解决问题，因为经常不知道在不考虑整个问题空间时在 PCB 的 PDN 上增加多少电容是适当的。例如，如果平面的电感和电阻相当大，则 PI 工程师可能会选择沿整个 PDN 放置大的电容，直到达到插槽。电容的类型范围从 VR 侧较大的值（可能包含较大的寄生 R_s 和 L_s）到更好、更高质量，接近插槽较小的电容。这会降低来自路径总电感的大集总元件效应的影响，从而有助于减轻从一个大的电流阶跃变化的总体下降。然而，如果电感和电阻较低，则工程师可以使用更小的电容和在更靠近插槽选择更高频率的电容。图 4.6 中的结构是一个具有两方面分布的例子。对于多个平面，它是相当长的，但由于平面相对大的宽度和间距，这些平面的电感是不高的，如上面的例子所示。因此，作为一个起点，多个电容器可以沿路径添加到结构中。然后物理结构看起来像图 4.7 中所示的分布网络。

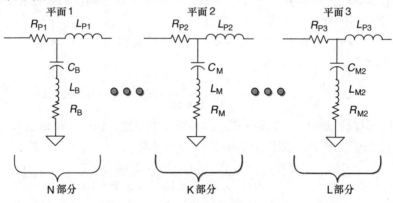

图 4.7　图 4.6 结构中的集总元件

　　根据每个平面去耦要求的电容大小，PDN 可以由一系列可以串联连接的集总元件表示。注意为简单起见，图 4.7 中的接地路径的 LR 电路已映射（再次）到电压侧。当地平面的阻抗类似于电压平面时这是可以做到的；否则，它将被分离出来并返回到返回路径。对于大多数问题，即使地平面非常不同，网络仍可以平均表示网络部分的总电感和电阻。反映网络这一部分到电压一侧的主要原因是允许形成一个简单的 SPICE 模型（至少在最初阶段）。这个表示通常足以获得对这一部分的 PDN 平面/对互连的一个合理准确的模型。当感兴趣的频率是在结构的电学波长附近时，精度成为更大的问题。

　　对平面 1，LR 网络部分是在例 4.2 计算值的一个因子。电容表示包含了寄生参数，由于这些将用于确定从这部分的去耦效果。如前所述，这里的电容通常有较大的电容值，而其数量较少，它们的目的是与转换器 LC 滤波器局部体去耦一起工作，而限制任何在 $3 \sim 15\text{MHz}$ 范围内的低至中频噪声。对平面 2，LR 网络部分分解的和第一平面部分相同。但电容通常是较小且有高频的谐振，或 SRF（串联谐振频率），这使得它们在更高的频率比体电容有更好的表现。平面 3 再次接近前面两个，除了比前两个平面对部分更高频率特性的电容。随着电学路径移向硅负载，这与试图在更高的频率降低阻抗的目的相一致。

应当指出的是，这些平面区域如何划分成更小的部分取决于有多少电容放置在平面对上。在中间平面对，图 4.8 所示为一个有简单的电容设置的分解例子。然而，如图 4.8 所示的电容结构很少对称放置，甚至交错部分可以被集中在一起形成一个部分，可以在 SPICE 或另一个程序中表示。

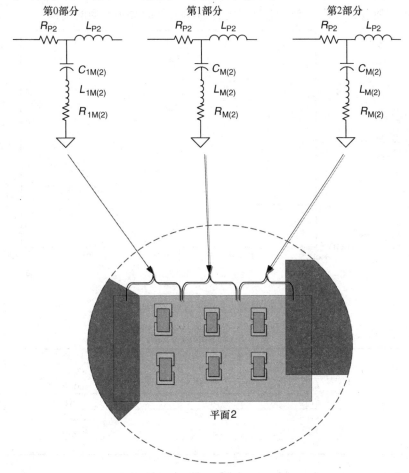

图 4.8 具有电容和分解部分的平面 2

在图 4.8 左边的两个电容与其他右边两对略有不同，取决于（再次）PDN 设计。两个电容将与实际平面/对部分集总到一起。这就是所谓的线性平面模型，意味着每部分线性邻接的下一部分只有一个维度。在本章的后面将讨论简单的网格模型，而结构更趋于二维的性质。

图 4.8 中的部分可以几何分解，即使它们的形状是不规则的。在第 6 章将讨论其他方法，这时需要更高的精度来组合这些平面对，尤其是在更高的频率下，以及除了电源分布行为之外其他系统方面关注的问题。

图 4.9 所示为这个简单平面的一个阻抗曲线，使用例 4.2 的资料和在表 4.3 中提供的一些电容值，曲线从与示例中部分电阻匹配的阻抗开始。由于电容的阻抗是相当大的，所以在谐振区域阻抗相当低。此外，大电容有一种可以扩大谐振区域的趋势。随着频率的增加，PDN 电感开始占主导，而阻抗每十倍频程增加约 20dB。随后，一些简单的工具将更容易用来分析这些类型的结构。

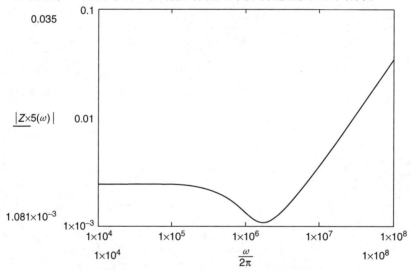

图 4.9　使用图 4.8 单平面结构的阻抗曲线

表 4.3　曲线的电容数据

电容数据	量纲
C_{1M}	47μF
L_{1M}	400pH
R_{1M}	5mΩ
C_M	22μF
L_M	400pH
R_M	5mΩ

PCB 下一个关注的区域是在插槽和/或封装下的平面对出口。这个区域与其他 PCB 平面结构有些不同，因为平面通常只来自一边或两侧，形成这个独特区域的原因是进入这个结构的 AC 和 DC 电流分布取决于不止一个因素。首先，在插槽和封装/芯片位置之间的电源/地通孔连接会对分布阻抗有非常大的影响。这是因为电流路径对连接的电感和电阻有特别显著的影响，在结构中几乎没有电容

的情况下（对阻抗的中高频部分）。图 4.10 所示为潜在的电流流动问题如何出现，即在平面的通孔构建、插槽连接和封装设计时并没有考虑到负载的位置。为了保持阻抗尽可能低，电流分布希望流动尽可能均匀地通过可用的铜。如果通孔是放置在一个集中的区域，如图 4.10 所示，则电流也将流入该区域，颈缩到通孔图形。在这种情况下，通孔图形显示一个从左向右流到插槽的角落。这有时是为了让其他信号（分组通孔和/或插槽连接）以及将电源路由（未显示出）到插槽。不幸的是，在电路板的钻孔图形式下，这已经造成通孔之间小的铜通道的效果，而限制在插槽下方平面电流的流入和流出。由于电源和接地平面在彼此的下方，所以接近表面的平面会比通孔直径有更大的隔离盘，使其与通过这个平面的其他通孔分离。另外，实际的负载位置几乎垂直于电流流动方向，甚至远离通孔和插槽连接位置附近的芯片的其他部分。这不仅会增加最终负载的连接阻抗，也会中断电流进入芯片的其他区域。

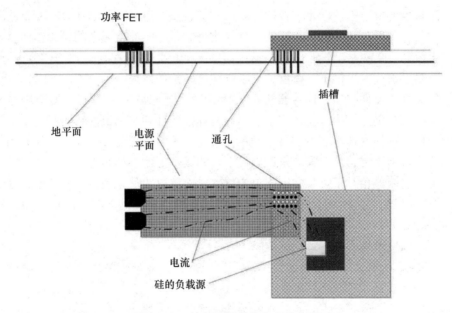

图 4.10　计划糟糕的分布中的电流

当在 PCB 上规划分布网络时，通常最好向后从硅布图规划开始，再到插槽然后到 PCB 平面。这使得电路板布局设计师和 PI 工程师可以妥善计划系统中最好的 PDN，而不是最终得到一个令人不满意的解决方案，从而影响电学性能。

在后面的章节中，图 4.10 所示结构说明了一个更好的分布和一个更优化的插槽和接触条件。

4.2.2　插槽分布

在电源分布路径中，在连接器选择成本、面积、引脚数目和其他区域之间总是要进行权衡。由于对设计的限制，插槽和封装设计工程师对 PDN 的过度约束并不罕见，而这些限制使 PI 工程师面临挑战。例如，电源分布的引脚图位置和/或凸点接触往往与信号 IO 冲突，所以必须在它们之间进行折中。因此，建议 PI 工程师在设计过程中预先选择电源传输的引脚。

在分析系统的连接器时有许多寄生参数必须考虑。对电源，引脚接触可以通过组合的电感、电容和电阻元件表示。通常情况下，接触电阻是占主导地位的连接⊖，而 PI 工程师需要了解相关的连接器以及电源路径中的接触相对于源和负载位置。如果寄生参数用于电源分布，则由于它们的值非常小，故插槽引脚的电容往往被忽略。对于高速的 I/O，连接器模型可以更详细并包括多个寄生参数和电学参数。

连接器的电阻不仅涉及连接器金属以及接触点，后者常常是在分析完整路径时电阻的主要部分和最需要关注的。接触物理学是一个非常复杂的领域，而整本书和会议⊖一直致力于该研究[8]。连接器的接触电阻将只在这里和下一节设计。在本章最后给读者提供了一些参考文献以便进一步的研究。

对高性能器件的插槽连接器通常包括 LGA（栅格阵列）结构，但引脚与插槽连接器如今仍在使用。使用一个插槽代替焊接器件到主板上的目的就是让客户有升级器件选择（假设新的器件与旧的主板兼容）。对高端系统，如服务器和工作站这是特别重要的，对客户来说取代平台的成本可能会相当高。

由于连接器相对于负载和电压源的位置，电源总线从电路板到封装会受到电/热效应的限制。前面章节讨论了插槽引脚的安置与相应的印制电路板的布局没有对齐时对 PDN 性能上的限制。当然，一个差的电学路径由于电流集中到插槽引脚而使温度增加，会导致系统故障[9]。

图 4.11 所示为一个正确的连接器阵列分布和从整个插槽路径的平面区域分布。电流从通孔下平面直接流动到 LGA 连接器。LGA 触点阵列向上直接进入到封装平面，然后横向进入到芯片。电源和接地触点排列在一个配置中，以平衡每个触点的电流与从一个引脚到另一个引脚的路径电阻的关系。将该图与图 4.10 中的一个进行对比。如果插槽触点不是正好在电流的下面，则其中一些接触可能获得比其他更大的电流，一个或多个电源接触点可能会遭到破坏，主要是热失控，

⊖　也有不是这种情况的例子。一些有连接器系统测试插槽有比接触电阻更高的电阻。但是对产品级的系统，接触通常是主要的。

⊖　HOLM 会议以从事电接触工作的并显著推进目前技术水平的著名工程师 RagnarHolm 命名。

因为每个接触点电流都达到了它的极限。作为热、力学松弛、老化和电流密度的函数，接触电阻也可能随之增加[9,11]。当接触点的数量平衡时，电源接触点数量与接地数量相当。只要电源和接地路径平面的电阻类似，每个接触点的电流密度就不会超过限制。

根据负载的位置，所有其他条件相同时，电流将流过离电源最近的接触点。因此，最近的引脚会比其他引脚更快获得体电流并加热。在非理想的情况下，会发生一种称为热失控的情况，使接触点开路并与路径断开。这就把电源传送的负担放在了剩余的接触点上，而每个接触点的总电流增加，直到系统的每个接触点在一个不断增加的速度下失效[12,14]。

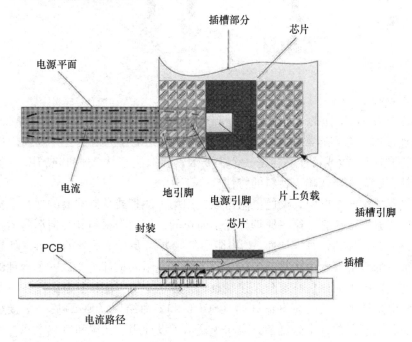

图 4.11　"好"的 PCB 负载区域布局的俯视图和侧视图

接触电阻容易受到许多相关热与电学问题的影响。下面简要讨论接触电阻对于电源分布和 PDN 的影响。

4.2.3　接触电阻

由于对这些类型的硅性能和密度性能的要求，LGA 是高性能器件的共同选择。有各种各样的 LGA，但大多数是球形封装。选择的封装通常是一个类型的焊球连接到 PCB。对梁的接触点，连接器的电学特性（阻抗）通常表示为

$$Z(\mathrm{j}\omega)_{\mathrm{conn}} = \mathrm{j}\omega L_{\mathrm{beam}} + \frac{1}{\mathrm{j}\omega C_{\mathrm{beam}}} + (R_{\mathrm{beam}} + R_{\mathrm{contact}}) \qquad (4.7)$$

其中梁的寄生效应与接触有区别，梁包括焊接点，是因为它是电阻路径的一部分。回想一下，电阻路径是穿过地和电源的路径，如图4.12中电感所示。

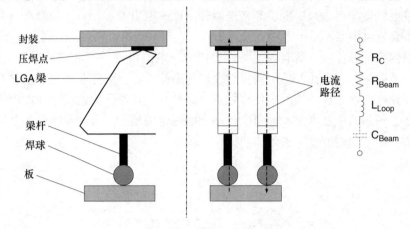

图4.12　LGA梁侧面和正面图

电感作为 AC 工作的一个主要驱动器件，对电源分布路径分析是很重要的。PI 分析连接器的电容通常被忽略，但在物理接口的 PI 分析则不会（如前面提到的）。梁的电阻可能或可能不会是一个主要因素，取决于从 AC 和/或 DC 分量电阻的贡献，后者主要依赖于材料的特性。

连接器的这两个电阻，梁的电阻可以使用第一原理或从制造商的通孔数据在一个给定的温度下估算。第一原理计算是简单的，而通常材料和几何形状的数据可以进行一个合理的估算。然而 AC 电阻更复杂并需要一个额外的分析，如果对频率有很好的理解，则由于趋肤效应，一个基于电阻的估计将产生一个合理的数据点。连接器电阻的最后一部分是接触点，估算这个值可能很复杂。

接触电阻通常涉及估算寿命开始（SOL）和寿命结束（EOL）。一个接触的物理性能有很多，并且十分复杂。表4.4 显示了设计用于在源和负载之间提供电流的一个插槽的一些典型的物理性能。所有这些特性都会影响接触点的寿命，并且计算接触电阻时必须考虑，特别是对 EOL 电阻值。表中数据点只是估算的 LGA 接触，因为在 LGA 接触设计中有许多变化⊖。事实上，对许多接触类型和结构，表4.4 中的数据可能不适用于其他接触和连接器设计。

表4.4　电源插槽接触特性及影响

提供电源的触点的物理特性	典型范围	单位
接触电阻（SOL）	1～3	mΩ
接触电阻（EOL）	1～15	mΩ

⊖　检查任何连接器系统供应商的数据总是很好的做法。这同样适用于 LGA 接触设计。

（续）

提供电源的触点的物理特性	典型范围	单位
接触法向力（SOL）	60～200	Mg
接触法向力（EOL）	40～200	Mg
基础镀（典型的镍）	50～100	μin
接触镀（硬金，硬膜金等）	15～50	μin
接触摩擦距离	0.25～1.0	mm
接触磨损	10～200	Cycle
最大工作温度	120	℃

对于 SOL 和 EOL 电阻的估计，系统对接触的影响包括环境、磨损的循环和热老化。在寿命的开始，接触电阻可以用多种方式计算。在本章参考文献 [15－17] 中有一些不同的方法。例如 Holm[8] 描述了一个基于接触表面上的 Hertzian 应力的近似方法，这就是所谓接触的接触电阻。其他多年来已开发的方法允许对寿命开始的接触电阻进行合理的估算，这些仅仅是再次的估算。

为了近似在 SOL 的电阻，将使用一个在本章参考 [15] 中简化的公式。在寿命的开始可以假设薄膜电阻的贡献是可以忽略的，也就是存在一个良好的金属到金属的接触界面。这是合理的，由于此时接触是没有碎片和其他污染物的，故可以在两种金属之间的界面形成一个膜，那么接触电阻的近似公式为

$$R_c = \frac{\rho}{\pi a}\arctan\frac{h}{a} \tag{4.8}$$

式中　ρ——材料的电阻率；

　　　h——束缚的深度；

　　　a——接触区的半径。

假定接触区是一个半径为 r 的平面球（通常是一个很好的假设）。然后，作用在结构上的力以及材料的弹性模量可用于计算电阻

$$a = 1.1\left(\frac{F_c r}{E}\right)^{1/3} \tag{4.9}$$

式中　　　　　　　F_c——垂直力；

　　E（不要与电场混淆）——材料的杨氏模量。

在大多数的接触系统中，h/a 的比趋于无穷大。结合式（4.8）和式（4.9）得到简化的表达式

$$R_c = \frac{\rho}{2.2}\left(\frac{E}{F_c r}\right)^{1/3} \tag{4.10}$$

再次，这仅仅是对 SOL 电阻的近似，但它可以用来预测在实验室预期的测量结果，以深入了解 PDN 连接器部分的电阻。

寿命结束的接触电阻是很难预测的，而对这一课题的研究可以在一些文献中找到，有些列在参考文献中。EOL 公式是在文献中基于接触的加速寿命试验的

经验数据的一个线性插值。然而，这些数据是依赖于应用的，并且有些过于推测，不能作为规则使用。已经证明，尽管对 EOL 电阻的影响也包括梁的应力弛豫、膜成和由于磨损引起的摩擦腐蚀，但这些在技术上难以预测，无论是部分或结合在一起，特别是由于不同的环境条件。对 EOL 预测，最好是咨询电接触的专家或制造商，虽然从制造商那里得到这样的信息可能不容易。最安全的方法是预测最坏情况下的 EOL 接触电阻并用于一个插槽的所有接触点，虽然它通常是在实际的接触电阻中精度预测很差的一个方法。这一方法的不利后果是与不那么保守的方法相比，它几乎总是会导致更多的接触和一个更昂贵的解。

用于确定一个触点接触电阻 EOL 的品质因数（FOM）也可用于与其他数据结合，这是其作为一个力函数的电阻。图 4.13 所示为这种变化的归一化的力曲线的一个例子。注意对施加相同的力时在 SOL 和 EOL 的差异。该差异是由许多因素导致的，要做出一个准确的估计（再次）是很困难的。

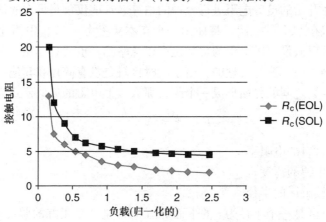

图 4.13　SOL 和 EOL 接触电阻与负载的关系曲线

图 4.13 所示曲线往往是由许多连接器制造商通过测量生成的，其中统计平均值类似于图中结果。通常力是一个变化项（应力弛豫），两条曲线显示了 SOL 和 EOL 接触电阻会因其他因素而如何变化。由于振动引起接触运动（微动效应），从而 A 点形成更高的接触电阻，以及膜的污染。这些和其他效应可以对 EOL 预测产生一个较大的 EOC 接触电阻，这经常是 PI 工程师用作在路径中连接器的接触电阻。在本章最后的一个习题中说明了其中的一些问题。

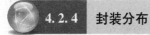 **4.2.4　封装分布**

如在本章前面所讨论的，在封装中电流的不同分布取决于电源来自何处。这个分布是同时依赖于板连接和硅负载器件之间封装层的布局。封装级电源分布的分析主要包括封装到板的连接、封装的互连（平面和走线）以及互连到硅。如

4.2.3 节中看到的，有时包括一个连接器，如一个插槽。由于滤波要求在封装级别更加严格，所以噪声通常也是一个重要的考虑因素。因此，PI 分析要比板级分析更详细。因为这通常是从信号频率较高的负载芯片产生的，而平面和电容接近负载，所以分析的间隔尺寸要更细，并且电容的位置（以及数量）会进一步影响结果。

　　到目前为止，假定电源和接地平面电源分布是相同的，并可以通过复制电压路径的自感或电阻简单地把这两个路径表示到一个电路中。还假定通过垂直路径部分的电流分布基本上是相等的。必须再次指出，在许多设计中，这个假设是无效的，特别是在封装级。但这是将接地路径的电感和电阻映射到电压路径中以简化分析的一个公认做法，特别是在 SPICE 中，电压和接地节点之间的不平衡必须理解和说明，以确保模型中包含正确的寄生参数。此外，这些寄生效应必须放在模型适当的部分。

　　与在 PCB 的分析中一样，最好从一部分封装开始分析。第一步是检查平面和从电容到平面封装的互连。为了保持连续性，包括插槽和板允许电流进出封装的出入路径。图 4.14 所示为考虑封装元件的一个简单的横截面示意图（第 7 章将提供一个更详细的、包括芯片级的寄生参数的示意图）。在图 4.14 中，A 部分显示从插槽到封装的分布，这里也说明了 PCB 和插槽，但只有插槽包括在这个分布中。B 部分显示到封装的平面区域通孔路径。这部分可以连到多个平面，这取决于哪个分布区域是 PDN 设计中所关注的。C 部分是第一个电容器组，在这种情况下是芯片侧电容。根据封装的设计，PI 开发者可以把芯片侧或接地电容（或两者）放在 PDN 去耦封装上。由于从电容到硅的低阻抗，接地往往是更有效的（如通常是一个短的垂直通空路由到硅器件）。D 部分是从芯片侧电容和/或穿过芯片下封装连接到主要分布平面的通孔的横向分布。这可能包括一个以上的平面对，但这里出于简化的目的只有一个平面对。E 部分是从接地的电容和互连到硅的路径。如果没有接地电容的存在，则这将是电流垂直流动的平面一个额外的通孔寄生参数。最后，对于完整性，F 部分显示一个负载芯片电容（这里简化为一个 *RC* 网络）以及负载本身。对于许多 PDN 结构的建模，这是足够的。如果一个 PI 工程师在确定电源/接地平面一个足够大的不平衡时，则所有电感和电阻的计算应考虑到这一点。如果在平面的几何形状差异的失衡是显而易见的，那么小的平面通常用作电感计算的基准（如假设两个平面近似为较小平面的尺寸），而进出通孔区域电阻的计算在前面的章节中已进行了描述。

　　虽然它没有在图 4.14 中显示，但插槽区域内的电容（假设有一个）和 PCB 背面的 PCB 上也可能有电容。有时插槽区电容包括在封装模型中，这是因为它是在封装的附近而电容以及互连的频率响应通常必须与封装去耦类似。

　　随着网络从 PCB 到封装，电容质量及其频率响应会发生变化。封装去耦是

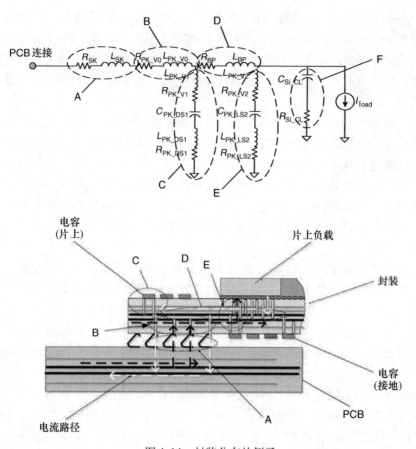

图 4.14　封装分布的例子

高频器件的负载瞬变去耦的一部分，这将出现在高性能硅器件中。该去耦的目的是在最高频率下以最低的阻抗降低由于片上大的负载阶跃化产生的高频衰减（见第 5 章）。

通常，与每部分相关的有多个网络，但图 4.14 只显示了一个阻抗元件。同时从电容到内部封装或 PCB 平面的通孔也是电容的总阻抗的一个关键部分，所以应该由 PI 工程师进行分析。然而，工程师往往认为电容的参数是那些由供应商提供的规格参数，但这几乎是从来没有的情况。由于两个环境下布局和路由的差异，电容的插入阻抗与供应商的测试会有很大不同。因此，作为分析的一部分，它通常是由 PI 工程师估算的。更多电容类型和技术将在本章的后面讨论。

电容的电荷转移速率依赖于电容（如互连到平面和通孔的寄生参数）相对于互连路径的位置。这不同于前面小节封装分布所做的假设，它认为电容大多处在相等的电位。甚至在图 4.14 中第一原理进行分析的情况以及所关注的频率，也必须考虑电容配置。不同类型的去耦电容将在 3.2.5 节讨论。下面一个例子将使用图 4.14 中的原理图和插图来说明封装结构。

例 4.3　用图 4.14 的原理图和表 4.5 中的数据开发一个简单的 PDN 模型。扫描频率从 100kHz ～ 300MHz 观察高频影响，并尽可能讨论封装、连接器和可能的电容引起的谐振，在计算中包括插槽。

表 4.5　计算用的数据

示意的值	单位
R_{SK}	1.4mΩ
L_{SK}	42pH
$R_{PK\_V0,V1,V2}$	42μΩ
$L_{PK\_V0,V1,V2}$	5pH
$C_{PK\_DS1,LS2}$	30μF
$L_{PK\_DS1,LS2}$	6.7pH
$R_{PK\_DS1,LS2}$	300μΩ
R_{BP}	1mΩ
L_{BP}	293pH
C_{Si_CL}	20nF
R_{Si_CL}	400μΩ

解　已计算出寄生参数。如果已知尺寸（或可用的合理估计），则将公式代入一个电子表格并直接计算它们是一个简单的任务。因此，它只是把一个 PDN 与数学程序或 SPICE 放在一起。使用一个数学程序的价值在于可以观察这些方程，并可立即确定哪些元件占主导地位。图 4.15 所示为阻抗的曲线。对于 DC 值是否正确，一个好的检查方法是电阻相加是否接近在曲线的低频部分显示的电阻。计算的这个值要稍高于 3mΩ，非常接近曲线中观察到的值。

图 4.15 中的阻抗曲线有一些有趣的方面。首先，有一个小的谐振峰在 1.6MHz 左右。此峰可能是由于该连接器/插槽相对较大的电感。这是所预期的，特别是当没有足够的接触来降低有效电感时。第二个谐振的出现是由于芯片侧和接地侧电容。

它们的 SRF 将在本章后面电容的讨论中看到，它们是在最有效的阻抗范围内，这就是为什么阻抗在这里衰减。高频阻抗主要是由于封装中平面的寄生电感，这通常意味着单一的平面对阻抗在这个区域可能不够低。如果负载发生一大的变化，则很可能会导致大的高频衰减事件（称为第一衰减，如第 5 章中定义的），从而导致器件故障。添加高质量的片上去耦将有助于这个（虽然往往是困难的）或改变封装中的分布。有时获得质量更好的封装电容会有所帮助（或它们中更多的），但在一些接触点这些元件的互连会成为主要的问题。

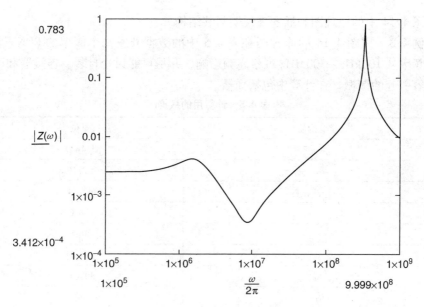

图 4.15　例子的阻抗曲线

有许多不同的封装类型和设计，但大多数都没有插槽而直接焊接到板上。对于这些封装，互联寄生参数的规格最好从厂家直接得到。然后，PI 工程师通常可以与封装设计师一起工作以得到封装走线或内部互连信息。这些数据需要从一场解算器进行详细的寄生参数提取。工程师将从第一原理的分析开始，从这一互连部分得到一个实际 PDN 的想法，然后使用前面章节的方程（和其他来源）。

 4.2.5　去耦结构基础和电容

任何好的电源分布网络的关键是路径上分布的去耦结构。良好的电容去耦对确保在负载行为约束下的路径噪声和衰减最小化是关键的。当沿分布路径传送时，不同的电容用于连接不同的部分。电容及其特性依赖于它的位置，可利用的面积和需要的负载特性，无论是在印制电路板上或封装上。电容的行为是由安装的电容电路元件及其连接的寄生效应确定的。在频域，电容的一个重要特性，（如前面提到的）是它的串联谐振频率（SRF），这是电容的阻抗分布中的最低阻抗点。这一点可以通过简单地对一个电容方程微分得到

$$Z_C(j\omega) = R_C + j\omega L + \frac{1}{j\omega C} \qquad (4.11)$$

将它设置为零

$$\frac{\partial}{\partial \omega}|Z(j\omega)| = \frac{\partial}{\partial \omega}\left|R_C + j\omega L + \frac{1}{j\omega C}\right| = 0 \qquad (4.12)$$

求解频率得到阻抗最低点的谐振频率为

$$f_r = \frac{1}{2\pi \sqrt{LC}} \tag{4.13}$$

式（4.11）是包括器件整个寿命中电容的许多方面的一个更复杂方程的简化形式。各类电容阻抗的一些典型的曲线（在寿命的开始或 SOL）如图 4.16 所示。曲线的最低点表明电容 SRF 出现的位置。在图 4.16 中，SRF 从左到右随电容品质（例如，用于高频工作）的增加而增加。具有最低的 SRF 电容适合 PDN 中/低频率的工作，通常被放置在靠近 MBVR。相反，一个具有最高的 SRF 放置在接近负载并用于中到高频的工作。通常这些电容值较小，但它们的电感寄生效应更好。虽然尺寸通常决定结构的电感部分，但电源/地端的数量和位置对电感有很大的影响。

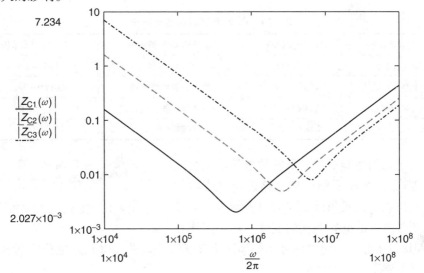

图 4.16 不同类型电容的阻抗，Z_{C1} — 低/中频体；Z_{C2} —中频；Z_{C3} —中/高频

用于电源去耦电容器的数量和类型的变化取决于考虑的电源分布路径部分。图 4.17 所示为这些电容中的一些相对于源 VR 和负载（硅器件）的相对拓扑。通常，在阻抗曲线 SRF 点位置随电容网络接近负载器件而增加。这是因为当穿过分布网络时，其目标是为了减少在关注频带内的阻抗。对于 PDN 电容的典型用法和类型见表 4.6。随着对去耦频率要求的增加，对更高质量电容器的需求也会增加，因此，类型、数量和性能都需要改变。

由式（4.11）表示的一个典型的电路图如图 4.18 所示。该模型通常对阻抗比寄生阻抗小的电容是足够的。然而，随着频率的增加和其他环境因素开始发挥作用，电容部分的值可能会改变。PI 工程师和设计师需要考虑这些可能的变化，因为它们会影响最终的分布模型和电路的准确性。

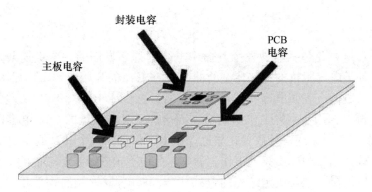

图 4.17　从电压调节器到器件负载的典型电容位置

表 4.6　PDN 电容的类型及应用

电容类型	电容范围/μF	在 PDN 中典型应用	典型的频率范围
铝电解电容	47～500	输入和输出 VR 能量存储	10kHz～1MHz
中频 MLCC	0.47～200	板级和器件级去耦	100kHz～3MHz
高频 MLCC	0.047～10	封装级和一些板级去耦	1～15MHz
IDC（交叉电容）	0.1～47	封装级去耦	3～60MHz

对更高的性能要求，电容的电学模型会显著改变[18]。可能需要增加电路适应电流输入的相对位置、互感和板之间的电容耦合，以及超出板外电阻的电导损耗的变化。用于工作在100MHz 以下频率，对电源分布解耦这是典型的，如图 4.18 所示电路的电学参数通常就足够了。

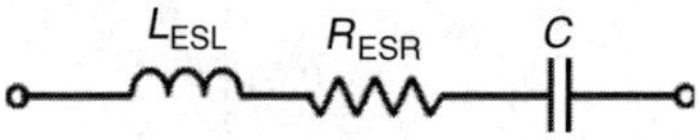

图 4.18　简单的电容电路

然而，大多数的 PDN 电容会随着老化、额定电压、温度和功耗而改变。因此，考虑到这些因素，当分析网络时 PI 工程师需要考虑适当的电容值。对 PDN 最常用的电容类型是多层陶瓷片电容（MLCC）[19]，MLCC 具有简单的结构，几十年来证明了这对电源去耦是一个非常有效和可靠的电容。图 4.19 所示为一个简单的有内部层 MLCC 封装的物理表示。通常使用多个层（通常超过 50 个）来构成总电容。

电容的总有效面积可以通过查看图 4.19 中的尺寸得到。一旦每端层的数量已知，便可估算出总电容。一个多平行板电容简单的方程如第 3 章中所述，而图 4.19 中的结构是

$$C = \frac{(N-1)\varepsilon A_e}{d} \tag{4.14}$$

式中　N——层的数目；

　　　ε——介电常数（$\varepsilon = \varepsilon_0\varepsilon_r$）；

　　　A_e——有效层或电容面积；

　　　d——介电层厚度。

如前所述，在器件的寿命中，电容会显著降低。这些老化效应是非常复杂的，并往往涉及在晶粒边界电子俘获[20]建模。结果是泄漏电流增加，类似于在纳米晶体管技术[21]中所发现的。

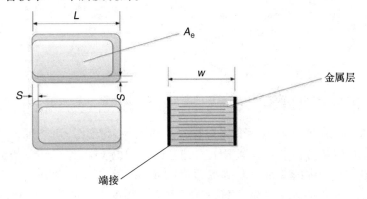

图 4.19　MLCC 的物理结构

Zhang 等人[20]通过基于电容中的电流密度分布的电子俘获来确定老化退化，其方程为

$$J(t) = J_c(t) + E_0 \frac{\partial \varepsilon'}{\partial t} - jE_0 \frac{\partial \varepsilon''}{\partial t} \tag{4.15}$$

式中　$J_c(t)$——传导电流密度。

介电常数 ε 是一个复数量，可以通过使用 Kramer – Kronig 关系或在假设 $J(t)$ 为已知的情况下得到。方程的解使得以下近似关系预测出老化效应对一个 MLCC 电容的影响：

$$C = C_0 - C_1\ln(t) \tag{4.16}$$

式中　C_0——初始电容值；

C_1 是一个求解的常数。式（4.16）表明，电容随时间的对数变化。此外，位移电流 I 随 $1/t$ 变化

$$I = \frac{V\mathrm{d}C}{\mathrm{d}t} \tag{4.17}$$

这是通过 $Q = CV$ 对时间求导得到，电容项现在是依赖时间的，而电压假定为一个常数（第 3 章）。在器件寿命中，衰减高达 50% 的电容是不正常的。然而，多重效应包括温度和电压也会导致衰减。图 4.20 比较了各种电容由于温度的

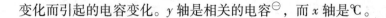

变化而引起的电容变化。y 轴是相关的电容[⊖]，而 x 轴是℃。

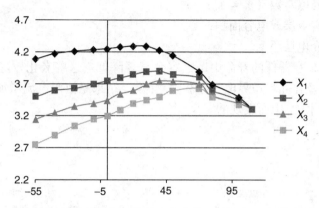

图 4.20　MLCC 类型电容的电容值随温度的变化曲线，其中 $X_1 \sim X_4$ 表示不同的电容类型

PI 工程师也需要掌握电容变化对整个产品的寿命变化影响方面的信息。通常这些信息可以从各种电容数据表上得到，而它们的 EOL 值可在分析分布网络之前预测。在预测中的关键是要确保适当的纹波、系统温度和开始一个认真的 PDN 分析之前元件的预期寿命。下一节将讨论一些可用于创建一个 PDN 的简单方法，然后分析它。

4.3　阻抗分布分析

电压降和时域的影响是用于确定一个 PDN PI 功效的重要指标。频域分析可以给 PI 工程师洞察网络行为提供好的方法，所以它通常是在列表分析中一个 PI 工程师必须做的初始检查。在前面的章节已经考虑了生成的用于 PCB 和封装一些简单的图，这些图显示了分布的样子。现在，我们转向采用第一原理的简单方法，如何在数字上生成这些 PDN 结构。

4.3.1　通过第一原理分析一个 PDN 结构

通常最好从使用简单的阻抗网络来重新开始 PDN 网络，如图 4.21 所示。

图 4.21 中的网络是以前遇到的熟悉的梯形结构，但这次是由简单的并联和串联阻抗元件组成的。网络的总阻抗可以通过从源看到负载来计算。这个阻抗的大小可以表示为

⊖　相对而言，这意味着归一化到一个特定的电容。这里绝对值不是至关重要的；只有相对温度的趋势。图 4.20 中的曲线并不代表一般 MLCC，而这个趋势并不能代表所有 MLCC。最好是联系具体的制造商获得使用时特定电容的具体数据。

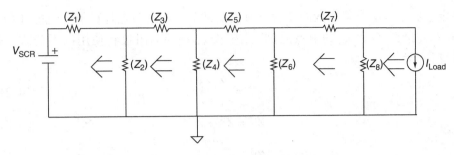

图 4.21　一个常见的 PDN 阻抗分布

$$|Z(j\omega)| = \left|\frac{V(j\omega)}{I(j\omega)}\right| \qquad (4.18)$$

其中电流和电压通常是复数，而 ω 是信号的角频率，$Z(j\omega)$ 是总的阻抗，$V(j\omega)$ 和 $I(j\omega)$ 分别是电压和电流。这是网络阻抗一个简单的傅里叶描述。图的相位关系在 PDN 分析中关注较少，因此这里的目的是确定阻抗网络的大小，以便在试图进行任何复杂的分析之前仔细研究谐振行为，将涉及获得电压和电流之间的相位关系。分布路径中的每个部分是由其自身的阻抗网络表示的，它还包含作为整体分析一部分的许多元件。

图 4.21 所示为如何分解 PDN 以便进行更简单的分析。根据所关注的部分，并查看电压源，然后可以确定在频谱部分间的阻抗分布。尽管这些部分并不是真正独立的，但分割的 PDN 更显示了 PDN 作为一个整体计算时的谐振行为。例如，只从 Z_4 分析网络，方程只包括在 Z_4 的网络路径和以下的那些电路。在数学上，这将是一个嵌套的分数

$$|Z(j\omega)| = \left|\frac{Z_4(j\omega)}{1 + \dfrac{Z_4(j\omega)}{Z_3(j\omega) + \dfrac{Z_2(j\omega)}{1 + \dfrac{Z_2(j\omega)}{Z_1(j\omega)}}}}\right| \qquad (4.19)$$

这个方程是通过查看每个部分的单独阻抗，然后在一个嵌套的方式计算得到的串联和并联阻抗。式（4.19）将在分数的不同部分通过 Z_4 和 Z_2 分割简化

$$|Z(j\omega)| = \left|\frac{1}{\dfrac{1}{Z_4(j\omega)} + \dfrac{1}{Z_3(j\omega) + \dfrac{1}{\dfrac{1}{Z_2(j\omega)} + \dfrac{1}{Z_1(j\omega)}}}}\right| \qquad (4.20)$$

获得一个连续的分数，然后总阻抗可以根据内部阻抗检验来计算，这取决于从网络内部回看的位置。此外，各种数学的程序可以很容易进行从底部到顶部各部分嵌套的简化。在图 4.21 的例子中，串联和并联阻抗部分将被放置到分数中，

确定它们相对于连续分数的位置。对前三部分，通过节点计算单个阻抗（如在 VR 和连接到 Z_2 和 Z_3 的节点之间）。在从 Z_4 看到的阻抗将使用以下公式迭代计算：

$$Z^{i1} = \frac{Z_1 Z_2}{Z_1 + Z_2} \tag{4.21}$$

$$Z^{i2} = Z^{i1} + Z_3 \tag{4.22}$$

$$Z^{i3} = \frac{Z^{i2} Z_4}{Z^{i2} + Z_4} \tag{4.23}$$

采用迭代方法在计算中可以检测到任何错误，因为每个方程都可以独立检查。如果对一个完整的 PDN 进一步分析需要将连续分数的部分变为一个分数，则式（4.20）可改写为

$$|Z_{\text{tot}}| = \left| \frac{Z_4 [Z_3 (Z_1 + Z_2) + Z_1 Z_2]}{(Z_3 + Z_4)(Z_1 + Z_2) + Z_1 Z_2} \right| \tag{4.24}$$

其中为简单起见，单独的函数变量已略去（比如前面的方程）。为了确定分布阻抗，通过产生一个阻抗分布渐近伯德图来完成[24]，为方便计算，式（4.24）转化为

$$|Z_{\text{tot}}| = C_n \left| \frac{\left(1 + \dfrac{K_1}{j\omega}\right)\left(1 + \dfrac{K_2}{j\omega}\right) \cdots \left(1 + \dfrac{K_n}{j\omega}\right)}{\left(1 + \dfrac{L_1}{j\omega}\right)\left(1 + \dfrac{L_2}{j\omega}\right) \cdots \left(1 + \dfrac{L_n}{j\omega}\right)} \right| \tag{4.25}$$

式中 K_n 和 L_n——阻抗分布的中断频率；

C_n——一个常数。

然后，从对数方程式（4.25），采用以下一个更有利于绘图的形式：

$$\log |Z_{\text{tot}}| = \log |C_n| + \log \left|\left(1 + \frac{K_1}{j\omega}\right)\right| - \log \left|\left(1 + \frac{L_1}{j\omega}\right)\right| \cdots + \log \left|\left(1 + \frac{K_n}{j\omega}\right)\right| - \log \left|\left(1 + \frac{L_n}{j\omega}\right)\right| \tag{4.26}$$

下面的例子说明式（4.26）如何用于生成一个简化的阻抗曲线。

例 4.4 使用图 4.21 和式（4.26），根据下面的元件确定在图 4.21 中（主要 VR 部分）最后两部分阻抗的大小，然后在下面给定的值时估算在 DC 和非常高的频率（1GHz 以上）的网络阻抗：

$$R_{\text{vrm}} = 1\text{m}\Omega$$
$$L_{\text{vrm}} = 200\mu\text{H}$$
$$R_{\text{blk}} = 100\mu\Omega$$
$$L_{\text{blk}} = 200\text{pH}$$
$$C_{\text{blk}} = 2000\mu\text{F}$$

解 VR 部分段阻抗方程式（4.24）的形式为

$$|Z_{pcb\_VR}| = \left| \frac{Z_1 Z_2}{[(Z_1 + Z_2)]} \right| \tag{4.27}$$

然后用式（4.26）表示的形式，其中确定了中断频率并形成伯德图。关键的操作是插入给定值，然后用求解器找到频率。实际根据变量的零极点方程，在本章最后作为一个问题留给读者。插入常数的值，而对拐点频率的式（4.27）简化为

$$|Z_{pcb\_VR}| = 10^{-3} \frac{\left(1 - \frac{\omega}{5}\right)\left(1 - \frac{\omega}{50 \times 10^{-3}}\right)^2}{\left(1 - \frac{\omega}{1575}\right)^2} \tag{4.28}$$

式中 $\omega = \omega_1$、ω_2、$\omega_3 = 5$、1575、50000。Bode 图表示的方程采用以下形式：

$$db|Z_{pcb\_VR}| = -60 + 20\log\left(1 - \frac{\omega}{5}\right) - 40\log\left(1 - \frac{\omega}{50 \times 10^{-3}}\right) + 40\log\left(1 - \frac{\omega}{1575}\right) \tag{4.29}$$

现在可以使用给定的中断频率产生曲线图。基于 R_{vrm} 的 DC 值的增益在 $-60dB$ 以下。绘制函数的渐近伯德图，如图 4.22 所示，注意图中的中断频率。实际的阻抗曲线如图 4.23 所示。

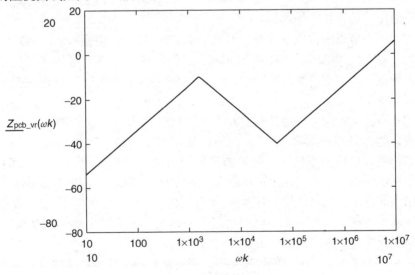

图 4.22　例 4.4 的渐近伯德图

正如预期的那样，两个曲线相当好地吻合，特别是在中断频率。振幅是由于在渐近计算的不连续性，这是可以预料的。使用这种类型分析的价值在于它允许一个工程师估计（相对）在一个 PDN 中的谐振的位置而不必做大量的建模。用

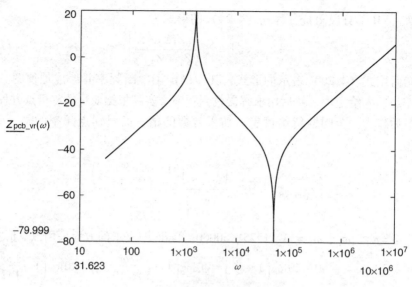

图 4.23   例子的实际阻抗曲线

式（4.25）和式（4.26）可以确定电路的高频和低频行为。当频率接近零时，阻抗为 1mΩ。这是如方程预测的路径串联电阻。当频率很高时，方程预测的阻抗将以每十倍频上升 20dB。这也是预料之中的，因为在高于一定频率时，电感的寄生效应开始占据主导地位。

然而，当节点的位置变大时，对每一个 PDN 分析使用嵌套的分数可能是不实际的。对于较大的问题，使用 SPICE 或其他程序来进行数据处理往往是更明智的。即使是对大的、复杂的问题，执行一个简单的"理智"分析检查始终是一个好的主意。

当平面较大时还允许用其他的方法进行 PDN 建模（如在 PCB 中一样）以及涉及更多的部分和间隔尺寸[23]。网格模型使用子部分，可以让设计人员分析 PDN 的影响，这些分布在一个简单的梯形网络足够大的区域[25]。图 4.24 所示为一个网格模型的例子，一个平面分割成较小的网格以允许 PI 工程师深入了解更大结构的行为，同时使用工具，如 SPICE 仿真 PDN。在图 4.24 中，每部分或单元表示平面的一部分。无论电容放置在平面上何处，此电容的网络如图 4.24 中下面部分所示，连接到一个最接近结的部分。

网络的大小取决于关注的最高频率，而通常是根据信号波长的一小部分确定的。例如，如果关注的最高频率为 500MHz，而介电常数为 4.2，则一个安全部分的大小将取决于 PDN 平面对内部信号的传播，或数学上表示为（由第 3 章式（3.97））

$$l_{size} \leq \frac{\lambda}{8} = \frac{v}{8f} = \frac{300 \times 10^6}{8 \times 500 \times 10^6 \sqrt{4.2}} \approx 3.7\text{cm} \tag{4.30}$$

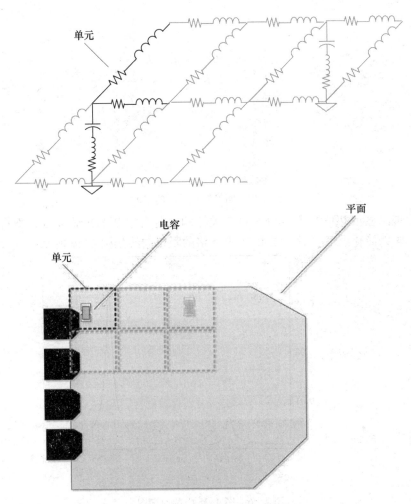

单元

电容

平面

单元

图 4.24　网格模型表示的单元

与可能会用于一个 PDN 单元的实际尺寸相比这是比较大的。从式（4.30）这个结果保证了在单元关注的最高频率不会有谐振行为。

此外，网格模型可以很好地处理场求解器提取的寄生参数，而当需要一个复杂模型时，网格模型允许构造一个非常详细的 SPICE 模型。

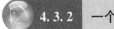 4.3.2　一个完整的 PDN 结构分析

检查在 PDN 中不同部分和元件后，下一步是把结果放在一起决定整个 PDN 的外观以及如何分析，分析可以通过适当部分的结合来简化。再次可采用一个简单的阶梯模型。习题 4.5 显示在图 4.25 中使用的值，阻抗结构的证明留给读者作为一个练习，以验证是否实现了相同的 PDN。

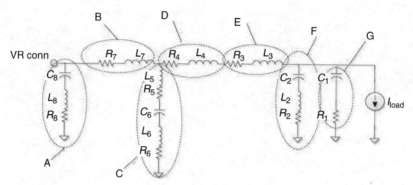

图 4.25 网格模型表示的单元

原理图显示 PDN 的每部分都是要关注的。若有串联的集总部分，则将这些结合起来以简化模型。对于图 4.25 中网络的阻抗曲线如图 4.26 所示。

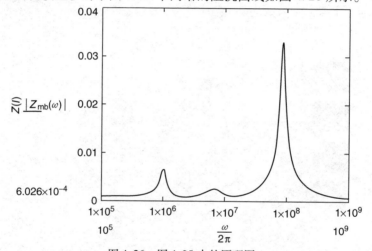

图 4.26 图 4.25 中的原理图

在图 4.26 中，注意 PDN 显示的各点的谐振，一个在 1MHz 附近，另一个在 6MHz 附近，而一个接近 85MHz。高频谐振的振幅依赖于封装的电容以及在这一区域封装平面的寄生参数。为了减少这个峰值有几个选项。首先，负载芯片电容往往可以改变，但这是困难的，由于硅设计团队在片上电容只有有限的选择。第二个选择是改变封装电容，虽然不太困难，但通常这也是有限制的，特别是数量和位置。经常产生的第一个问题是成本和影响是什么？影响是由电压下降测量的，这在第 5 章将详细讨论。该方程的成本依赖于第一个问题。如果规格符合频域和时域要求，那么通常不需要减少谐振。事实上，管理者有时询问是否可去除电容以节省成本[26]。第三，如果封装或芯片是不能改变的，则最后的选择是试图从 PCB 影响谐振。这是迄今为止最具挑战性的，因为从板通过插槽的阻抗通常太高而不能通过简单地改变板上电容来降低。这就是为什么最好是与系统设计团队密切合作来确保在开发周期充分理解 PDN 设计的原因。

在许多的 PDN 设计中，电容的有效性问题是首要的。下面的例子将说明在一个 PDN 中电容如何影响到结果。

例 4.5　一个板级的设计师已经开发出一个高性能硅器件的电源传输系统，并要确定可以从分布网络的印制电路板上去除多少个电容以降低成本和节省的电路板空间[26]。要求在 PI 工程师进行详细分析之前，希望得到一个初步估值。从 100kHz ~ 10MHz 阻抗必须低于 2mΩ，因为 VR 环路响应至少为 100kHz。给出下面的网络元件值，采用本章的方法计算阻抗，从插槽上看并确定最高至 100MHz 曲线。包括本节前面的 VR 部分的阻抗。

解：这里的目标是确定改变电容的效果。将查看三个情况下的阻抗曲线，即所有的电容、一半的电容以及没有电容。第一步是将检测电路和确定网络的连续分数。

图 4.27 所示为简化的网络阻抗。注意，又一次在返回路径的电阻和电感已表示到网络侧电压中。只有当这些值是类似的或精确度在无显著损失情况下可以被平均时才是可以接受的（如前面所讨论的）。

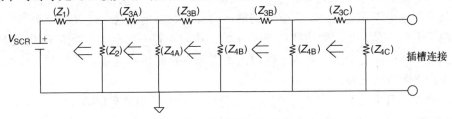

图 4.27　分析的简化示意图

现在可以将每个方程放入 Mathcad 表中，而一个嵌套的分析可用于确定结构的有效阻抗；然后，所有的阻抗值可以用代表每个阻抗的一个变量表示。这包括第一个分数值的简单计算，然后使用这个值求解下一分数，以此类推。

图 4.28 中的曲线显示添加的三个变化电容的全部结果。这里两个轴都采用对数刻度更准确地显示频率和振幅的行为。出现的低频谐振主要是由于 VR 体电容。虽然这是相当低的，但它仍在开关变换器的带宽内，因此，任何低于转换器的环路响应下应该被忽略，因为 VR 会对它做出回应。然而，阻抗下降得相当缓慢，在 100kHz 附近接近 1mΩ。如预期的，在这个频率范围内曲线是非常相似的，因为它们是由 VR 体值控制的。更有趣的方面是板电容从一半减少到零的影响。这可以从碗状的曲线与图 4.28 中中间曲线比较看到。从 300kHz ~ 10MHz 电容的缺乏是显而易见的，而这就表明在 PCB 板上阻抗显著的增加。因此，除非能解决封装的附加电容的问题，添加一定的电容保持阻抗低于所需的 1.3mΩ 并降低噪声路径看来似乎是谨慎的做法。

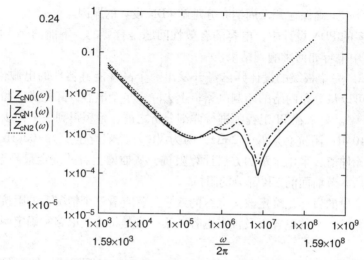

图 4.28　三个不同电容值工作时的阻抗曲线

当问题的一个简化可以得到令人满意的结果时，很多 PI 问题可以通过假设和认识来解决的。PI 工程师往往面临决定是否一个简单的模型足够的满足分析以及是否这个工作会得到一个合理的解。因此，它是指导这个过程的经验和资源问题。不幸的是，工程师往往从细节开始，然后不得不回到对问题的简化观点。如在第 1 章中所讨论的，这本书的目的是当深入研究如此复杂的问题时，帮助工程师做出明智的选择。

此外，着手对 PDN 建模之前，一些经验方法被证明是有用的：

1）第一原理分析可以减少建模工作中的错误和迭代次数，它通常是迅速而有效的，并给出问题的实际见解。

2）一个场求解器便于检查每个寄生元件的值。如果第一原理方程是合理的，但数值结果偏离超过 50%，则复查数值模型误差是一个好的主意。大多数的误差是在边界条件处出现的。有时候误差仅像放置一个接地点一样简单，会产生比实际存在的物理结构更大或更小的环路电感。

3）检查结果中可能不存在谐振。检查最高频率以及最后的 SPICE 模型（或类似的帮助），证明有足够的要素来正确预测行为。

4）总是有另一双眼睛来检查工作。只需要让一位同事检查另一个同事的工作，便可以节省许多小时或许多天的额外工作。

4.4　小结

理想的 PDN 应该像一个阻尼传输线，并有一定的衰减。一个 PDN 的阻抗是一个复数，具有幅度和相位。通常情况下，PI 工程师只对阻抗分布的大小感兴趣。PDN 通常分解成简单的部分，即 VR 部分、PCB 区域、插槽或连接到 PCB、封装和芯片区域。每部分通常可以从使用梯形网络的简化开始，其中每个组成部分都映射到 SPICE 或一个数学程序中用于分析的电压区域。PCB 部分可以分成平面对并用放置在每个结构内的电容一起或单独地分析。到封装或插槽的连接器需要了解来自电感和电阻的影响，主要影响是接触电阻。由于在路径中的高频效应以及其邻近负载器件，通常对封装进行更详细地分析。电容在降低 PDN 谐振并保持在整个工作带宽阻抗平坦发挥着重要作用。电容的 SRF 是验证电容质量的一个好的起始指标。电容的性能作为老化、温度、电压的函数而变化，而在大多数情况下不良的性能都会影响最终的解决方案。一种常见的工具是通过第一原理使用一个嵌套分数确定阻抗网络。关键的谐振点可以由伯德图分析得到。

习　　题

4.1　由例 4.2 中 *LR* 的值和表 4.3 中的电容数据创建一个网络。把两部分结合起来，一个由一个集总部分而另一个由 8 部分构成，这些部分是以分布的方式分为 8 部分。扫描从 100kHz ~ 1MHz，在阻抗图中有什么不同？你有期待吗？

4.2　一个 PDN 要求插槽的 SOL 接触电阻小于 2mΩ，以满足综合验证的试验要求。假设每个接触点的力是 65g 而杨氏模量为 $78 \times 10^{10} N \cdot m$，A 点的半径为 300μm 左右，而电导率等于硬金，估算在 SOL 的接触电阻。假设标准力的值也是 65g，与图 4.13 中的结果进行比较。

4.3　在一个插槽中布置 35 对接触点。在图 4.13 中使用问题 4.2 中计算的接触电阻来确定连接器 PDN 部分的 SOL 和 FOL 电阻。

4.4　采用在例 4.4 中的变量确定通用阻抗函数的零极点方程。

4.5　使用表 4.7 中的值验证 4.3.2 节的 PDN。

表 4.7　用于习题 4.5 的数据

原理图的值	单位
C_8	1mF
L_8	6pH
R_8	50μΩ
L_7	214pH
R_7	216μΩ
C_6	94μF
L_6	2pH
R_6	50μΩ
L_5	30pH

（续）

原理图的值	单位
R_5	$30\mu\Omega$
L_4	$11\,\mathrm{pH}$
R_4	$360\mu\Omega$
L_3	$9.2\,\mathrm{pH}$
R_3	$236\mu\Omega$
C_2	$10\mu\mathrm{F}$
L_2	$16\,\mathrm{pH}$
R_2	$1\,\mathrm{m}\Omega$
C_1	$300\,\mathrm{nF}$
R_1	$600\mu\Omega$

参 考 文 献

1. Gupta, M. S., et al. Understanding voltage variations in chip multiprocessors using a distributed power-delivery network. Design, Automation and Test in Europe Conf. and Exhibition, 2007.

2. Hochanson, D. H., DiBene II, J. T. *Powerdelivery for high performance microprocessor packages—Part I*. Tutorial Presentation: IEEE EMC Symp; 2007.

3. Sinkar, A. A. Workload-aware voltage regulator optimization for power efficient multi-core processors. IEEE Design, Automation and Test in Europe Conf., pp. 1134–1137, 2012.

4. Novak, I., Smith, L., and Roy, T. Low impedance power planes with self damping. IEEE EPEP Conf., 2000.

5. Wang, J. S.-H, and Dai, W. W.-M. Optimal design of self-damped lossy transmission lines for multi-chip modules. IEEE Int. Conf. Computer Design VLSI in Computers and Processors, 1994.

6. Ren, Y., Yao, K., Xu, M., Lee, F. C. Analysis of the power delivery path from the 12-V VR to the microprocessor. *IEEE Trans. Power Electronics*, 2004.

7. Selli, G., Drewniak, J. L., DuBroff, R. E., Fan, J., Knighten, J. L., Smith, N. W., Archambeautl, B., Grivet-Talocia, S., Canavero, F. Complex power distribution network investigation using SPICE based extraction from first principal formulations. *IEEE EPEP*, 2005.

8. Holm, R. *Electric Contacts: Theory and Applications*, 4th ed. Springer, 1967.

9. Rosen, G., Coghill, A., and Tunca, N. Prediction of connectors long term performance from accelerated thermal aging tests. *IEEE Electrical Contacts, Proc. 38th IEEE Holm Conf.*, pp. 257–263, 1992.

10. Queffelec, J. L., Ben Jamaa, N., and Travers, D. Materials and contact shape studies for automobile connector development. *Holm Conference Proc.*, 1990.

11. Malucci, R. D. The effects of wipe on contact resistance of aged surfaces. Holm Conf., pp. 131–144, 1994.

12. Figueroa, D. G., Chung, C. Y., Cornelius, M. D., Yew, T. G., Li, Y-L. High performance socket characterization technique for microprocessors. EPEP, 1999.

13. Mroczkowski, R. S. Concerning reliability modeling of connectors. Holm Conf., 1998.

14. Rosen, G., Coghill, A., and Tunca, N. Prediction of connectors long term performance from acclerated thermal aging tests. Holm Conf., 1992.

15. Caven Jr., R. W., and Jalali, J. Predicting the contact resistance distribution of electrical contacts by modeling the contact interface. Holm Conf., 1991.

16. Glossbrenner, E. W. The life and times of an A-spot. Holm Conf., 1993.

17. Malucci, R. D. Multispot model of contacts based on surface features. Holm Conf., 1990.

18. Murphy, A. T., and Young, F. J. High frequency performance of capacitors. *IEEE ECTC*, 1991.

19. Rostamzadeh, C., Canavero, F., Kashefi, F., Darbandi, M. Effectiveness of multilayer ceramic capacitors. *IEEE in Compliance*, 2013 Annual Guide, 2013.

20. Zhang, T, Yoo, I. K., and Burton, L. C. Low-frequency measurements and modeling of MLC capacitors, *IEEE Trans. Components, Hybrids, and Manufacturing Technology.* 1989.

21. Narendar, S., et al. Full-chip subthreshold leakage power prediction and reduction techniques for Sub-0.18 µm CMOS. *IEEE J. Solid-State Circuits*, 2004.

22. Brown, R.W. Distributed circuit modeling of multilayer capacitor parameters related to the metal film layer. *IEEE Trans. Components and Packaging Technologies*, vol. 30 2007.

23. Shi, H., Oatley, J. L., Joseph, R., Wei, G-Y., Brooks, D. M. An experimental procedure for characterizing interconnects to the DC power bus on a multilayer printed circuit board. *IEEE Trans. EMC*, 1997.

24. Van Valkenburg, M. E. *Network Analysis, 3rd ed.* PrenticeHall, 1974.

25. Mezhiba, A. V., and Friedman, E. G. Electrical characteristics of multi-layer power distribution grids. *IEEE ISCAS*, 2003.

26. Fizesan, R., and Pitica, D. Simulation of power integrity to design a PCB for optimum cost. IEEE Int Symp. Design and Technology in Electronic Packaging (SIITME), 2010.

第 5 章　电源完整性的时域和边界分析

第 4 章先对电源分布网络元件进行了综述，然后对阻抗进行分析，以确定谐振发生在频带的位置。然而，什么构成了一个表现良好的网络的问题仍然没有得到解答。本章将讨论这种分布的时域的影响，以及对在这些网络的电压下降行为以及电压下降的边界也将进行研究。

生成网络组件和学习如何分析它们是理解 PDN 的重要的第一步。本章拓宽了电路结构包括除 PDN 外的负载和源。因此，随着一些基本建模工具的引入，注意力转向时域，帮助 PI 工程师分析瞬态和稳态区域中的问题。本章首先介绍如何在一个系统中对源和负载建模，然后转向时域对网络的行为进行研究。这种类型的分析本身使用程序，如 SPICE 和 Mathcad 分别进行电路和数学建模。因此，许多的例子和分析将采用这些工具。读者应该了解如何使用 SPICE[1]。在本书中，PSPICE[2,3]用于电路仿真。

5.1　源和负载建模

在第 2 章中介绍了各种电源转换器拓扑，以显示电源如何送入网络。对于简单的 PDN 分析，它通常是烦琐的，并且很少需要提供一个源的复杂的开关模型来确定 PDN 的功效。相反，就没有使结果失真的补充 PDN 来说，它是对源更有效的表示，因为目的不是确定电源的质量，而是确定由负载形成的不同工作条件下的网络质量。因此，在表示这些分析的电源转换器时（其中为了简单起见，不包括转换器的损耗），简单的电路元件和行为模型将用于创建源的一个代表性视图。

负载表示是另一回事。对时域仿真，电流源最能代表系统的 PDN 瞬态行为。硅团队通常给出了这个电流源的参数，但理解它是如何构成的以及它从何而来是很重要的。因此，第一个目标将是研究电流的扰动，以便找到 PDN 和系统电源的网络行为边界和工作限制。

5.1.1　源的表示方法

将电源转换器作为电源进行建模时，必须考虑大量的折中问题。首先，理解模型的准确性和复杂性。对于许多系统，一个简单的理想源是足够的，对于其他的则采用一个闭环开关模型。第二，通常都有时间约束，限制了 PI 工程师在一个给定的时间表提交结果的能力。问题通常不是模型的复杂性，虽然在某一时刻会成为一个问题，但这是随后工程师通常最花费精力的迭代过程。因此，这个考虑的一部分是来自过程第一步结果预期的精度。最后，那些可用的相关工具成为决策过程的一个重要部分。大多数工程师使用某个类型的 SPICE 分析工具和数学软件，如 MATLAB 和 Mathcad。当进行建模时，最好先了解工具的限制是很好的。这里包括一些分析方法，使得 PI 工程师使用一个简单的 Excel 电子表格和/或只是笔和纸即可。

基于电源，对计算机平台有不同的电源转换器可以选择。其中一些在第 2 章中进行了讨论。考虑到大多数的计算机系统使用降压转换器作为电源，所以在整个讨论中重点将是这个拓扑结构的一个简单的表示。再次，目的是只建立足够的行为模型，使时域分析的结果能够正确地表示。图 5.1 所示为单相降压转换器的一个简单的开关原理图。

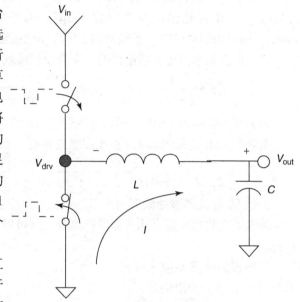

图 5.1　一个理想降压转换器的拓扑结构

对许多时域分析，PI 工程师要确保转换器的行为对于时域仿真是具有代表性的结果。因此，PI 工程师需要了解转换器的一些基本特征：

1）开环带宽；

2）滤波器电容值；

3）开关频率。

开环响应决定转换器对一个没有反馈的电压变化的响应速度。通常，一个降压转换器的开环带宽是由以下决定的[4]：

$$8f_{LC} \leqslant BW \leqslant \frac{1}{4}f_{SW} \tag{5.1}$$

$$f_{ESR} \leqslant 2f_{LC} \tag{5.2}$$

式中　f_{LC}——转换器的 LC 滤波器的谐振频率；

f_{SW}——转换器的开关频率（假设它是一个固定的频率设计）；

f_{ESR}——在阻抗 BW（带宽）中电容 ESR$^{\ominus}$（和滤波器电阻）占主导的频率。

　　$\ominus$　有效串联电阻；参见第 4 章，电容器部分的 SRF（见 4.2.5 节）。

所有这些指标都由滤波器和开关频率确定，通常电源转换器的设计者将得到这些资料。然而，工程师虽然面临时间的约束，但为了完成他们的工作被迫追踪数据。此外，一旦知道了电感和滤波电容的特性，很容易计算这些值，如下一个例子所示。

例5.1 确定开关频率为1MHz的一个单相降压转换器的开环响应（带宽），存储电感1μH而总输出滤波电容400μF。假设有四个电容，每个的ESR为10mΩ。同时假定电感有一个额外的10mΩ串联电阻。

解 谐振频率由第2章给出的一个降压滤波器方程确定

$$f_{LC} \approx \frac{1}{2\pi \sqrt{LC}} = \frac{1}{2\pi \sqrt{1 \times 10^{-6} \times 400 \times 10^{-6}}} = \frac{10^6}{40\pi} \approx 8\text{kHz}$$

如果开关频率为1MHz，那么开环带宽BW在63.6~250kHz之间。

电容的ESR是总的1/4（由于在滤波器有$4 \times 100\mu F$的电容）

$$f_{ESR} \approx \frac{1}{2\pi (R_{ESR} + R) C} = \frac{1}{2\pi \times 12.5 \times 10^{-3} \times 400 \times 10^{-6}} = \frac{10^5}{\pi} \approx 32\text{kHz}$$

它是 LC 滤波器谐振频率的4倍。注意，这里在反馈路径中添加的电感线圈的串联电阻表明它是整个滤波器的一部分。这可以在图5.2渐近的开环伯德图中看到。

转换器的带宽不应大于250kHz，这是给出的合理的参数。由于更小的滤波器和更快的整体闭环响应，许多电流模转换器（和一些电压模）有更快的响应速度。由于输出较小的滤波电容和采用的反馈方法，其开环响应通常更快[8,9]。对于许多降压转换器的设计，这个带宽是绰绰有余的。对于 PI 分析，对转换器参数的一个基本检测通常足以构建一个时域分析。

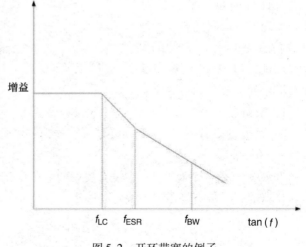

图5.2　开环带宽的例子

1. 简单的开环模型

如果 VR 的开关行为不是分析的关键，那么一个简单的 LRC 电路可以满足模型的要求。LRC 电路代表开关稳压器的输出阻抗。为了确保转换器无误地表示 PDN 的分析结果，必须设计这个电路，至少在开环的情况下表现的像一个转换器。图 5.3 所示为一个转换滤波器的简单表示。电容 C' 代表一个非理想的电容，与前面的例子一样。这很重要，因为一个理想的电容将使整体时域分析的最终结果失真。在第 4 章中开发的一些简单电容模型是对一个电容非理想行为的建模。串联电阻被称为 ESR 或有效串联电阻。电容的电感是添加到印制电路板的电感。存储电感 L 以及互连电阻和"开关"电阻（假设 FET 开关包括在系统中）都一起进行了表示。这就是通常被认为的功率 FET 开关，尽管此时并未将其表示为该电路的一个开关模型。因为这两个电阻串联，所以它们可以表示为一个值。

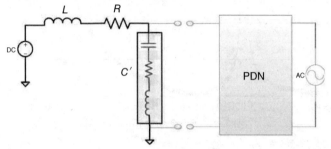

图 5.3　简单的 LRC 模型

目的是对该结构的行为进行建模，以使 PDN 的仿真具有一定的准确性。先开发一个简单的 AC 分析模型，然后在 SPICE 中对该电路的频率响应进行检验。从例 5.1 的数据，对频率扫描并确定该行为是否符合要求是一件容易的事。

设置如图 5.4 所示。它现在是一个从电压源回看的电路简单的 AC 阻抗（注意在这种无负载源情况下一个 DC 分析是微不足道的）。电源是一个 DC 电压，可以从分析中排除，因为它是一个 AC 扫描而使得电感的一端接地（DC 源是一个有效的 AC 地）。注意，谐振是非常接近前面例子的简单分析。然而，这里的关注点是 100kHz 右边曲线的斜率。这是所预期的阻抗增加的位置，表明 VR 的输出阻抗实际像一个低通滤波器（提供一个 DC 电压）并阻断高频成分。因此，当该模型引入到 PDN 模型中时，它将给予一个降压转换器滤波方面的正确表示。使用第 4 章中的工具，构造渐近 Bode 图并表明此电路断点出现的位置是一个简单的事情。阻抗函数直接变为

$$Z(j\omega) = \frac{(R + j\omega L)(1 + j\omega R'C - \omega^2 L'C)}{1 + j\omega C(R + R') - \omega^2 C(L + L')} \tag{5.3}$$

所有的带（'）的量与电容相关。方程的根可以用一个简单的数学程序求解，甚至 Excel（见习题 5.1）。转折点表明变化发生的位置和频率。图 5.5 所示为在第一个频率转换点阻抗增加，它是由分子中的第一个零根确定的

$$\omega = \frac{R}{L} = 1 \times 10^4 \rightarrow f = \frac{\omega}{2\pi} \approx 1.6 \times 10^3 \tag{5.4}$$

其他的频率使用二次式或任何求解器得到。注意实际的渐近伯德图显示的是

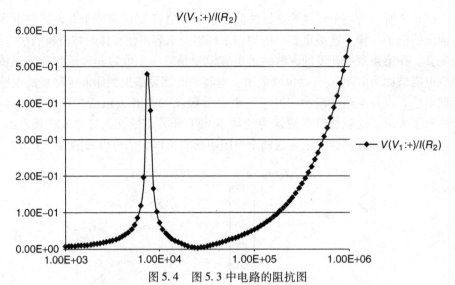

图 5.4 图 5.3 中电路的阻抗图

频率，而不是角频率 ω。显然，构成降压调节器的一个简单的"理想的"源模型是一个非开关开环模型。

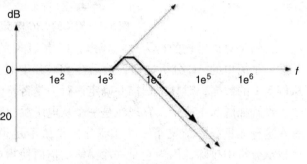

图 5.5 AC 的渐近 Bode 图

有些时候需要增加转换器的表示精度，并因此构建一个代表开关行为的模型。现在对图 5.3 的模型略做改变并将理想的 DC 源改为一个分段线性（PWL 或 PULSE）函数来表示这个开关元件。这个简单的 SPICE 输入表示如下：

```
* source DISTRIBUTIONS_ 1
R_ R1 N00248 N00375 .01 TC = 0, 0
L_ Ll N00375 N00379 1uH
C_ C1 N01254 N00379 400uf IC = 0.96V TC = 0, 0
R_ R3 N015181 N01254 2.5m TC = 0, 0
L_ L2 0 N015181 100pH
V_ V2 N00248 0
+ PULSE 0V 2.4V 1us 100ns 100ns 300ns 1us
. TRAN 50us 5ms 2ms SKIPBP
```

一旦施加适当的激励，这个简单的开环开关模型便可以用来确定理想的 PDN 时域结果。这里只有 DC 电源变为一个开关电源。开关频率与前面的例子相同。从这个结构的时域仿真可以看出（在稳态），输出电压稳定在 1V 左右。

如图 5.6 所示，输入波形是在 SPICE 输入中由 "PULSE" 函数定义占空比的一个方波。注意，这个占空比设置的输出电压为输入电压的函数。在这个情况下

$$占空比 = \frac{V_{out}}{V_{in}} \rightarrow V_{out} = (2t_r + PW)V_{in} \approx 0.96V \tag{5.5}$$

式中　t_r——脉冲的上升时间；

PW——脉冲宽度。

电容的初始条件使得仿真达到稳定状态更快一点。当然，原理图与一个输入相比是进入模型的典型方式，因为如今所有的工具都有易于使用的 GUI$^\ominus$。这里的 SPICE 输入是 PSPICE 示意图的输出结果，与图 5.3 的相同，除了 PULSE 函数调用。下一节将讨论一些简单的闭环系统，扩展对开环模型的探讨。

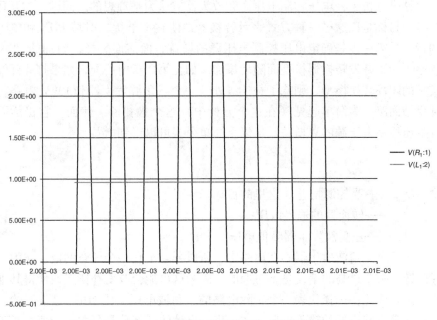

图 5.6　简单转换器模型的时域信号

2. 降压转换器简单的闭环模型

有许多不同的方式表示一个具有闭环反馈系统的降压转换器[5-7]。闭环模型是一个非开关模型，使用一个带反馈放大器的简单压控电压源表示，如图 5.7 所示。放大器连接到负载电压（通常是硅器件的源），这是闭环增益级元件 **E** 的控制源。

当负载变化时，放大器两端电压也发生变化，随后电压源 **E** 增加它的电压

$\ominus$　图形用户界面。

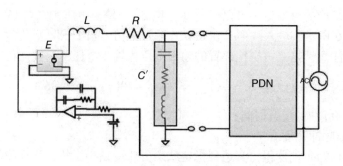

图 5.7　简单的闭环反馈模型

以保持输出为正确的值，如在 2 章中讨论的一个简单的降压转换器的控制器一样。在这个分析中，电压控制电压源和放大器被认为是理想的。同样，与开环系统一样，目标是以这样一种方式表示转换器，使它不干扰在时域 PDN 和整个系统的行为。第一步是确定电压控制电压源的增益。像前面一样，附加的 PDN 将被忽略，为了开发转换器模型而随后添加。如在第 2 章中一样，如果打算开发一个实际的闭环转换模型，则除了补偿级外，一个三角波发生器和 PWM 电路将插入到反馈回路。为简单起见（在这个分析中）这个被排除。然而，它仍然需要设置电压控制电压源的总增益。从以下简单公式可以得到增益：

$$E_{gain} = \frac{V_{in}}{V_{tri}} \tag{5.6}$$

式中　E_{gain}——受控源增益（这里的目标）；

$\quad\quad V_{in}$——转换器的输入电压；

$\quad\quad V_{tri}$——三角波发生器峰值电压。

由于这个三角波发生器不在电路中，所以分配给它一个任意的值。作为一个实际问题，一个过高的增益是不可取的，因为这可能会改变补偿点而使得其难以补偿反馈。因此，选择代表一个实际电路的三角波电压，比如 1V 是很好的。输入电压通常为转换器的输入电压。在这里，设计的一部分是分配一个值。对于这个例子，将使用和前面相同的值（如 2.4V）$^{\ominus}$。

增益已经设置，环路可以进行补偿，这是这一分析的初始目标。第一步是产生系统的伯德图，希望是补偿反馈放大器，使得转换器工作在闭环。注意在图 5.7 中，有一个 Ⅱ 型的反馈补偿表示。这里可以很容易地放置一个 Ⅰ 型或 Ⅲ 型补偿器。选择取决于系统和滤波器有效带宽需要什么类型的响应。因为这里的目的

$\ominus$　大多数平台转换器采用 12 V 的输入电压。许多较小的消费电子平台采用较低的电压作为输入，然后通过改变占空比来补偿网络。在这些例子中，2.4V 的异常电压表明不管电压比是多少，方法都是相同的。

不是为了设计转换器的反馈电路，而只是从 PI 分析来正确地表示它，当加入 PDN 分析时转换器的闭环带宽表示足以说明对转换器环路响应的正确模拟。有许多方法可以实现环路的补偿。然而，我们的目标是实现一个合理的表示而不一定成为一个转换器设计专家（这将留给电源设计团队）。因此，对 Veneable 的 K 因数法将用于环路的补偿[10]。

增益/相位图如图 5.8 所示。这里不再显示 SPICE 输入，而是采用屏幕截图显示图 5.9 中设置原理图，这是在 PSPICE 将进行建模的实际电路。单位增益临界点约为 14.4kHz，而这一点相位裕度为 161°（注意与渐近形式伯德图的大小相似）。然而，这里关注的是在预期的工作带宽得到电路的开环增益。这通常由 *RC* 网络的频率确定。

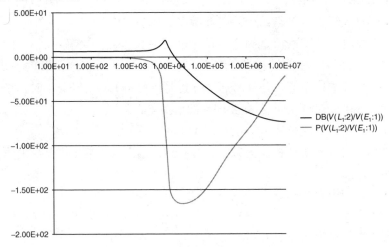

图 5.8　图 5.7 网络的伯德图

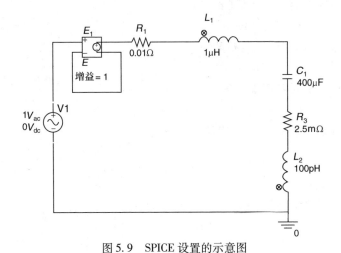

图 5.9　SPICE 设置的示意图

　　在这种情况下带宽由例 5.1 中的计算确定，结果为 32kHz。在滤波器的谐振频率（约 8kHz）下可以稳定回路，保证电路稳定性，因为在这点系统的增益已经存在。然而，需要带宽更大一点（响应负载的变化），从而可以补偿上述滤波器的谐振。为此，选择一个Ⅲ型补偿，这将增加与预期的系统闭环响应更加一致的预期的闭环带宽，这是电源转换器设计师有望实现的。可以请求电源设计工程师给出变换器的闭环带宽，如前所述，通常数据不在设计工程师的手边。

　　再次检查伯德图，目的是确定在单位增益（0dB）所期望的闭环增益的交叉频率，这是环路的关闭点。假设它在比谐振更高的带宽关闭，增益需要添加到系统中。闭环 BW 的选择在某种程度是任意的。从例 5.1 可以看出，系统所期望的带宽低于 32kHz。从伯德图很明显看到相位在这一点附近开始上升。因此，如果环路在 30kHz 关闭，则补偿器应该能够做出适当的回应。

　　在这个过程中的下一项是确定相位裕度。在大多数的文献中，45°的相位裕度是足够的（许多实际的转换器选择为了增加一个更高相位裕度的稳定范围，但这是一个很好的典型值，并且对这个分析是足够的）。在 30kHz 时，增益下降了约 15dB。因此，误差放大器需要增加的增益量将为

$$增益 = 15dB = 20\log(A) \rightarrow A = 10^{15/20} \approx 5.62 \tag{5.7}$$

　　在 30kHz 时，系统的相位提升（PB）已经确定，这将有助于给出用于方程的 K 因子

$$PB = PM - PS - 90 = 116° \tag{5.8}$$

式中所有的值都是度而不是弧度。PM 是相位裕度（在这个情况下是 45°），而 PS 是环路关闭（约 161°）频率下的开环相移。图 5.7 所示为将用于分析的实际误差放大器部分，结果如图 5.10 所示。反馈放大器有六个元件需要计算，即 R_1、R_2、R_3、C_1、C_2 和 C_3。其值（包括 K 因子）由以下公式计算[10]：

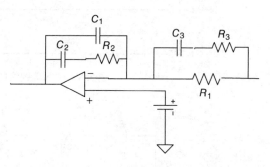

图 5.10　图 5.7 的误差放大器

$$R_1 = 10\text{k}\Omega, R_2 = \frac{\sqrt{K}}{2\pi f C_2}, R_3 = \frac{R_1}{K-1} \tag{5.9}$$

$$C_1 = \frac{1}{2\pi f G K R_1}, C_2 = C_1(K-1), C_3 = \frac{1}{2\pi \sqrt{K} G R_3} \tag{5.10}$$

该值可以很容易地从电子表格或由 Mathcad 程序确定（见习题 5.2）[注]。

现在设计已经完成，电路的值带入 SPICE 模型。图 5.11 所示为在 SPICE 中电路的原理图。在图 5.11 中，环路打开以确定系统的开环增益和相位。图 5.12 和图 5.13 的伯德图所示为其在系统的开环、闭环和完整环路（附加的）的相位和增益图。注意到在 30kHz 的相位裕度为

$$PM = 180° - 135° = 45°\qquad(5.11)$$

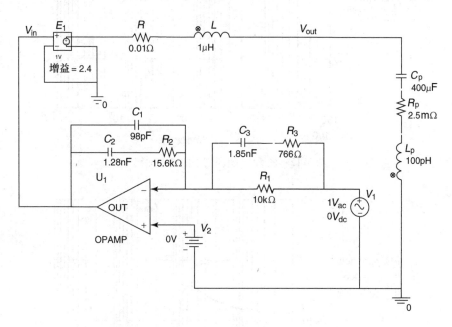

图 5.11 闭环非开关模型的 SPICE 原理图

这是补偿网络的设计要点[注]。在一般情况下，补偿回路的设计取决于很多因素，但这里只有基本工具用来开发。一个更深入的开发（如所预期的）将由一个实际设计转换器的电源工程师来完成。现在使用设计工具开发了一个闭环开关模型，闭环开关模型仅仅是非开关模型的一个扩展。闭环伯德图实际上应该是相同的，假设唯一的变化是开关元件添加到模型（这是确定系统的环路响应的典型方法，由于加入了开关器件而使它不可能进行 AC 扫描）。添加的三个关键的电路元件是三角波的源、PWM 比较器（将三角波转换为一个 PWM 信号）和开关。

⊖ 一个 Ⅱ 型补偿器可用于这一设计，然而，带宽则应减少。设计方程的研究是一个很好的练习，因为它可以显示哪里需要迭代的方法。

⊖ 注意到由于电容的 ESL 并没有加入到对图 5.13 的计算，因此在这个图和图 5.8 之间存在相位和增益的差异。

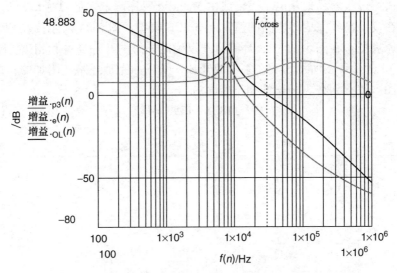

图 5.12　图 5.11 闭环网络的增益曲线

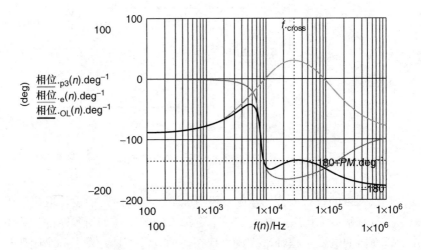

图 5.13　图 5.11 闭环模型的相位图

第一级原理图如图 5.14 所示。三角波发生器是送入到理想的比较器电路的一个简单 PULSE 波形，产生 PWM 方波脉冲。补偿器和前面一样，送入到比较器的另一边。对一个桥有很多产生反相信号的方法。在这里它表现为一个输入信号的反相器。实际上，也会采用另一个比较器电路⊖。

⊖　注意到这只是单相运行。如在第 2 章一样，单独的控制将用于一个多相解决方案，以确保到每个桥的占空比都是正确的。

　　完整的 SPICE 模型以及一些关键波形和显示的关键元件的参数如图 5.15 所示。有许多构建这个闭环模型的方法，但是它超出了本书的范围。建议参阅本章后面相关文献以对模拟闭环行为的不同方法进行一个深入的研究。

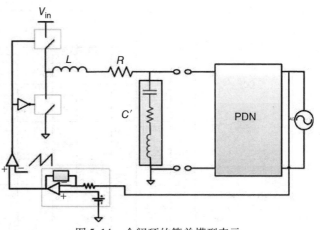

图 5.14　全闭环的简单模型表示

　　这个模型重要的是它能正确响应输出端的动态变化。图 5.16 所示为在节点（V_x）的 PWM 信号、三角波和输出电压（V_{out}）。注意在理想的开关转换边缘的二极管传导效应。将一些 SPICE 相关的异常现象添加到模型使得它收敛，如图 5.15 所示。关于这些器件的细节可以参阅本章末尾的参考文献。然而，读者应该注意该放大器的增益不能太大（如超过 10k），因为这可能会导致收敛问题。读者也应该知道在时域使用电感时的收敛问题。如果注意到这些警告，则常见的问题便很容易解决。在后面的小节中我们将返回到这些模型，讨论一些额外的时域系统的分析。

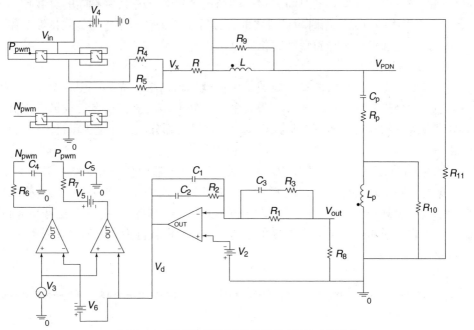

图 5.15　闭环单相降压调节器的 SPICE 原理图

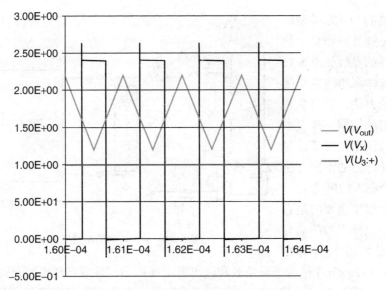

图 5.16　对图 5.15 模型所选择的时域模型

5.1.2 负载的表示方法

现在已经研究了一些用于源建模目的的基本降压转换器的源结构，寻找不同的负载结构来完成时域部分的分析是适当的。在硅中的时域仿真表示负载分析在最坏情况下一个负载变化的时间变化率的情况。每个器件具有不同的负载行为，从而在 PI 工程师可以开始时域仿真之前，分析必须从确定器件的负载特性开始。因此，最好是通过检查导致负载变化的原因开始。

1. 负载行为

通常，在工业界最大的动态负载是由微处理器内核形成的。图 5.17 所示为一个通用微处理器的简单框图。对于大多数的处理器内核，动态负载最大部分，即具有最大的动态负载范围是核执行单元。这里大部分的工作是为了许多的工作负载[11]。

图 5.18 所示为会出现主要电流负载的一个处理器内核的分布图。对于大多数的架构，在处理过程中执行区域在负载中占主导地位。在图 5.19 中另一个视图所示为一个处理器内核的三维负载分布。研究这一电流负荷分布是有指导性的，因为它也说明了从电源网络分布看到的相应的负载行为。大的尖峰通常位于执行单元⊖。

⊖　图 5.19 没有显示一个实际的内核，它只显示在一个器件上可能出现的负载。图例是指相对的负载行为。

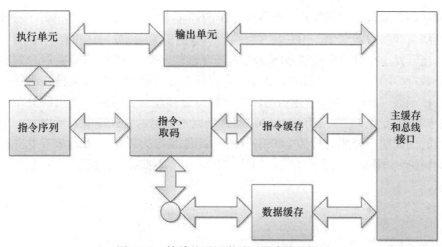

图 5.17　简单的通用微处理器内核的框图

根据工作负载，处理发生在一个或多个执行单元（整数、浮点数等）。指令及读取单元读取数据并将它们输入到指令序列。然后这个单元安排工作负载和指令到适当的执行单元进行处理。最后，数据送到内存和数据总线，并将数据传送到适当的 IO 端口。

图 5.18　处理器负载的分布图

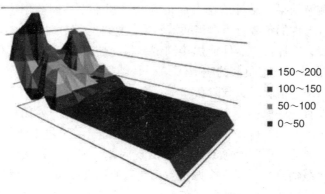

图 5.19　微处理器内核电流负载分布图

　　由 PDN 所看到的是一个典型的瞬时负载表示的一个滤波的形式，并且由于整个工作负载活动中的动态负载变化以及其他单元的操作，电流在一个时间期限内被平均。通常，它需要在一个处理器中的许多个时钟周期产生一个对于板级电源网络负载的阶跃变化，而它与实际执行负载的关系通常是间接的。

当开发一个好的负载模型时，关键是要创建一个从 PDN 和转换器看到的表示负载行为的分布。图 5.20 所示为一个运行在处理器执行模块与核心时钟的相对阶梯函数⊖。整个集群⊖逻辑的时钟和数据逐步增加，导致一个负载分布模拟总阶跃负载变化 I_{step}。由于电流阶跃通常是以不确定的方式重复，所以在一个给定的时间周期，局部的行为会产生谐波（此负载行为将在后面的章节中进行更多的讨论）。要记住的重要的一点是，对实际负载带来什么给出了一个合理的表示。

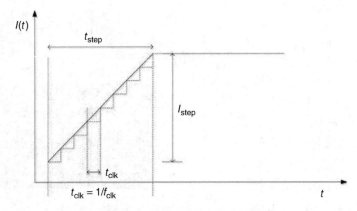

图 5.20　与核心时钟相关的电流步长

实际的负载阶跃分布（类似图 5.20）是由负责该器件的硅团队通过一系列经验数据、测量结果和估计的结合而得到的（通常设计团队创建模块，模拟在系统中实际硅器件的负载行为。当插槽不是设计的一部分时，这些器件被放置在有插槽的位置，或连接硅器件或焊接到试验板，使 PI 工程师和其他人员可以检查该 PDN 和系统对动态负载的响应[14]）。其结果是一个负载分布，代表了在一个给定的时间最坏情况下负载阶跃和压摆率，使得团队在预测过程中留有一定的余量。估计总有一些保护带，以便 PI 工程师可以安全地开发网络以支持在硅负载的电源分布。不幸的是，如果余量过大，则可能会导致过于严格的 PDN 设计，也可能会在转换器、PDN 滤波或两者上出现问题。因此开始从硅设计团队得到这些数据（负载信息）总是一个好主意，然后通过设计和分析过程迭代分布。

从一个硅设计师的角度来看，在所有正常工作条件下电源供给负载的能量足

⊖　这是一个通用的定义，因为总负载的行为由 PDN 看将几乎无法描述。

⊖　集群由一组工作的功能逻辑模块构成。例如，执行集群可能包括一个浮点和整数模块以及其他接口逻辑。

以使器件运行这一点是至关重要的[⊖]。这两个最重要的特性是压摆率和最大电流阶跃。在图 5.20 中的分布是由表 5.1 中的参数定义的。大多数处理器是多核的，因此，PDN 看到的不仅是一个内核或处理单元，它是所有位于电源范围逻辑级的负载。

硅电源设计师只给出压摆率和最大的阶跃，而让 PI 工程师设计 PDN 和系统来满足这一负载分布。然而，最好是确定所有参数使得 PI 工程师可以对整个电源路径进行正确的建模。时间步长的长度 Δt_{step} 认为是上升时间的宽度（在这个情况下从 0 到 100%），而通常定义为从一个工作电流负载 I_{smin} 到最高 I_{smax}。这些不是最小和最大电流工作点，它们只是在电流步长中定义最坏情况下阶跃函数的两个点。这是一个重要的区别，因为它很容易将这些数据与硅器件的实际工作范围混淆。由于处理器的不同工作模式，活动和休眠，处理器通常会工作在一个很宽的动态范围。电流负载脉冲的周期是由 T_{per} 确定的。通常，这是通过从上一代器件的经验数据找到的一般定义值，并且基于当前一代处理器设计中发现的一些更新的估计值。这个周期性的时域分布可能是非常复杂的，并且高度依赖于处理器的工作负载的活动（至少是间接的）和整个处理器系统的工作。它往往不是由硅电源设计师定义的，因为它取决于工作负载，构建起来是非常困难的。在后面的章节中将对这个分布进行一个更详细的讨论。如图 5.21 所示的压摆率，仅仅是时间阶跃与电流阶跃的比率。一旦定义了压摆率，这两个值中的任何一个值都由另一个确定的。这里要注意的重要一点是，必须完全定义电流的阶跃，允许 PI 工程师开始建立模型的过程并得到结果。

2. 负载模型

既然已经检查了负载的行为（在一个高的水平），就可以开始组合在一起构成对负载模型的估计。在 SPICE 中有一些不同的模型是可用的。图 5.21 所示为四个经常用于对一个电流阶跃或一系列的脉冲进行建模的例子。它超出了本书可以使用的每一个可能的负载模型的范围，

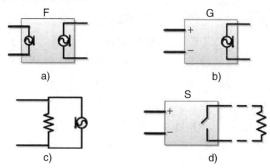

图 5.21　用于负载表示的不同模型源

a）电流控制电流源（F）　　b）电压控制电流源（跨导 G）

c）包含电阻的简单电流源　d）电压控制开关（S）

⊖ 这有一定的工作条件，如病毒，被认为是不正常的。这些条件通常与系统的错误相关并会导致系统关闭。然而，PDN 和电压源通常设计得可以处理这种情况而使处理器完美的停机。

因此鼓励读者参阅 SPICE 文献[1-3]，对各个模型的功能有一个更好的了解。此外，这里的目的是只显示几个可用的模型。对于电流负载建模，将说明使用 G 模型将负载模拟为一个跨导源。它可以很容易从一个简单的电流源开始，然后迭代到一个不同的模型，假设这个模型适合分析。

对于更复杂的分析，PI 工程师也可以使用一个多项式（如一个 Epoly 模型）对电流源进行建模。这可以更准确地表示电流源的波形，假设信息是可用的。然而，对于大多数情况，基本模型的选择是任意的，只要它代表通常负载的行为。跨导模型可以控制作为电压偏差的一个函数的负载电流。对 G 模型，电流和电压之间的关系为

$$I_S = \gamma V_C \tag{5.12}$$

式中 γ——电导（电阻的倒数），单位为 S；

V_C——控制电压源。

因此，如果在一个跨导为 4S 的控制源施加 1V 电压，则在源上将施加一个 4A 的电流。在大多数情况下，G 模型通常收敛（将在下一节看到）得相当不错，而控制源是很容易用一个 PWL 函数或 PULSE 电压函数实现的。

用来定义波形（一般）的值或度量列于表 5.1 中。这种类型的电流阶跃模型虽然比一个简单的电阻更复杂，但将对系统产生一个合理的阶跃响应，而这通常是一个系统 PDN 分析的开始。一旦定义了阶跃响应，而系统 PDN 分析开始一定程度的迭代将完成平台设计工程师的建议和硅设计团队之间一个或多个参数的折中。

图 5.22 所示为一个 G 模型的测试电路。控制源是一个 PULSE 函数，加入了几个寄生效应以显示阶跃函数的影响，其结果如图 5.23 所示。阶跃函数电流源的大小是 1A，而压摆率为 1A/100ns。正如预期的那样，伴随一个小的滤波器而出现一个下降事件，在图中非常明显。随着滤波器大小（增加电容）的变化，可以预计下降将减少。这个效应在第 4 章的频域讨论中研究过。当增加一个额外的滤波元件，如中频、低频等时，这会对分布的谐振峰值产生作用并且将对时域的结果带来影响。在下一节中将对这些时域效应进行进一步的考查。

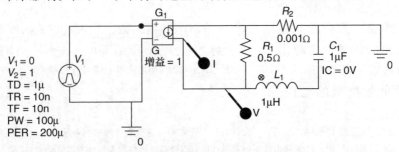

图 5.22   用 G 模型说明电流负载

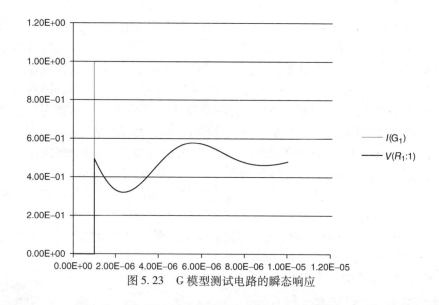

图 5.23　G 模型测试电路的瞬态响应

5.2　时变系统

时域分析历来是 PI 工程师的主要任务，并且对于很多项目常常认为是由 PI 工程师完成的。正如已经看到的一样，这只是 PI 工程师要完成的许多分析中的一个，但却是重要的一个。

 5.2.1　电压总线下降的边界条件

PDN 的时域分析从了解在总线电压下降的边界条件入手。这实质上是对整个 PDN 和电源效力的检验，如定义的和/或设计的[12]。图 5.24 所示为基本的定义，如在电源分布网络下降中负载端所看到的。在一个实际系统中，在最接近硅负载的点试图测量这个下降，或在实践中尽可能实现。通常，这意味着测量硅器件电源和接地引脚间的下降[13]。

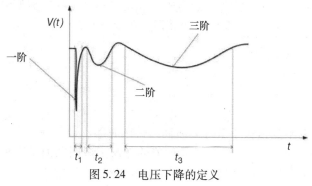

图 5.24　电压下降的定义

　　在频域中分解电压下降，可以推断哪个下降元件和电流阶跃的哪一部分是主要的。在第 4 章中可以一定程度地看出，在频域分析 PDN 的目的是观察哪些元件对哪部分阻抗分布的贡献最大。由图 5.24 中的定义，可以直接研究曲线的哪部分是由 PDN 和负载中的元件控制的。第一个下降通常由硅电容、硅的局部寄生电阻以及硅封装连接引起。通常，这种下降的持续时间为 10ns 或更短。二阶下降主要由封装平面的封装和互连的中层电容控制，而有时是连接器引脚。它的典型值从 100ns ~ 1μs。这个下降事件最有意思的是，脉冲频率受封装和硅的多方面影响。三阶下降通常在转换器的带宽内（或接近），为 10μs 或更长。转换器的电容以及一些 PDN 体电容和互连是主要的。三阶下降通常足够慢，使得转换器的带宽可以跟上它的响应。用于在计算机平台上设计的转换器的主体，而主要由于 PDN，所有二阶和一阶下降是在这些电压调节器的带宽之外，从而达到滤波器响应可以抑制这些下降的幅度。

　　图 5.25 所示为一个阻抗的分布示意图，说明对下降影响的位置。谐振不完全与下降值相关，但与频率范围仍然是相关的。限制下降事件的基本原理在下一章将进行更详细的论述。如在 4 章中看到的一样，在分布网络中的每个元件都会影响整体的阻抗，因此，要以特定的方式响应 PDN 的下降。这里的

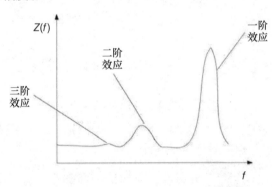

图 5.25　阻抗分布和下降事件关系的例子

目的是了解如何设计和分析一个 PDN，它导致一个落在为硅设定的特定 $V_{\max}$ 值范围内的下降分布。这些值取决于许多因素，包括基于硅工艺的工作范围。硅设计团队可以选择预先设定这些值，然后在与它相关的每个下降上施加一个持续时间。表 5.1 显示了一些作为与下降有关的额定电压百分比的典型值。

表 5.1　相对下降百分比的例子

下降	V_{nom}（%）
一阶	0.15
二阶	0.12
三阶	0.10

　　下降事件的限度依赖于事件的活动和持续时间。通常情况下，一阶下降事件小于 20ns（如上所述），因此，硅器件能够在这个短周期内承受较大的下降。这可能是因为许多器件可以通过降低器件的频率来适应下降事件短的持续时间，以

保证数据的完整性。随着下降事件延长和变大，维持数据的完整性变得更加困难，因此，对于每个下降事件的不同定义和限制需要加强[15]。

 5.2.2　电压总线下降的边界分析

由前面的内容，现在可能把整个系统放在一起来进行 PDN 的时域分析。用前面小节的数据和方法将构成一个系统模型。因为第 4 章已经有了一个代表性的PDN，建立一个类似的模型并使用一个适当的源和负载的模型进行下降分析是一个简单的事情。下面的例子将说明这一过程。

例 5.2　使用 4.3.2 节的 PDN 和在本章开始的开环源模型确定下降。假设在负载的输出电压为 1.2V。采用 G 模型和在表 5.2 中的压摆率数据进行分析。PDN 的下降值是多少？它们满足表 5.1 的规范要求吗？如果 VR 电容增加了 5 倍，那么三阶下降会怎样？在前面 5.1.1 节设计的闭环 VR 会工作吗（如足够快的响应以减缓三阶下降事件）？

表 5.2　在例 5.2 中仿真的阶跃函数值

参数	单位
Δt_{step}	2ns
I_{step}	20A
I_{smin}	0A
I_{smax}	20A
T_{per}	N/A
$I_{step}/\Delta t_{step}$	10A/ns

解　这个示意图在本章最后留做一个练习。在第一个视图中，如图 5.26 所示，三阶下降显然是一个大事件，并且如果这个脉冲被视为一个半正弦波，则这个脉冲的频率大约在 6kHz 的频率范围。然而，注意在下降事件开始增加，超过 120mV（三阶下降电压限制）。这比转换器的带宽（30kHz）出现得更快，因此，VR 需要对这个下降做出更快的响应，或需要增加一个滤波器电容，或两者皆有。基于 5.1.1 节的分析，很显然 VR 将无法对这个没有一些变化的事件做出响应。

图 5.27 所示为一阶和二阶下降事件。注意，这些下降都发生在很短的持续时间内，正如快速边缘率预期的那样。同时，注意所有下降都是参考地而不是平均电压。对于这个仿真，简单地使用 0V 源是很容易的，由于在系统中源对电容的充电（也可以使用电容的初始条件，但这些都需要事先知道）不需要等待任何的调整。

在这一点上，PI 工程师有两个选择。第一个是增加整个 PDN 的去耦电容；

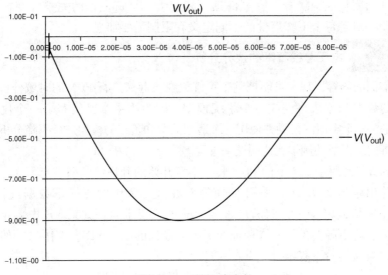

图 5.26 三阶下降事件

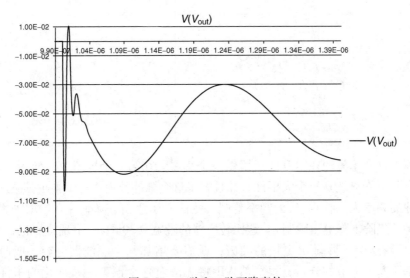

图 5.27 一阶和二阶下降事件

另一个是简单地增加转换器的电容,如指南所述的。这意味着转换器的补偿设计必须重新进行,但对可以看到该效应开环的情况则不需要并且很容易确定它是否能快速完成工作。从图 5.28 可以清楚地看到,增加 VR 电容有很大的影响。然而,如果转换器带宽只有 30kHz,则还不足以减轻下降。因此,对 PDN 的附加电容和对 VR 附加的滤波器电容的一个组合是必要的。

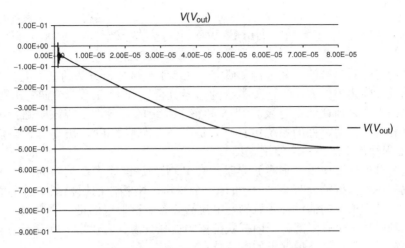

图 5.28　增加 VR 电容后的三阶下降事件

最后对于完整性，同样的 PDN 显示出 5.1.1 节的闭环模型。由图 5.29 可以看到，对下降事件的反应大约是在 20ms 之后。然而，此时电压下降了差不多500mV。好的消息是随着在 PDN 和转换滤波器中滤波电容的添加，可以减轻这个下降。这个问题留在本章后面作为一个练习。

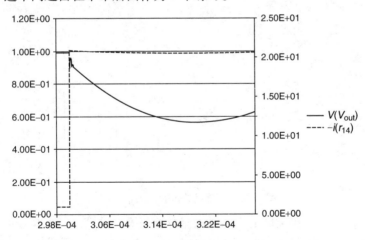

图 5.29　在 CL 开关模型上具有电流阶跃的三阶下降

在例 5.2 中的 PDN 时域分析表明，一个迭代过程可以用来满足一个时变系统的完整设计标准。有时，建模需要放宽硅设计团队的规范。它甚至可能需要进入一个比这里给出的更复杂的模型。例 5.2 的简单模型是为了获得某种类型的问题上的约束并在求解的过程中开始缩小它。在下一节将讨论采用频域分析时对一个问题产生一个约束的方法，允许在时域中预测结果的范围。

5.3 阻抗/负载的边界分析

之前已经对时域的下降进行了研究，在基于频域分析方法的基础上，提出了一个估计下降边界的方法。这种类型的边界分析允许 PI 工程师在进行长期和艰巨的建模工作之前评估在时域的 PDN 和整个系统的有效性。应该明确指出，这不是打算更换任何类型的系统仿真，只是当一个完整的 PDN 仿真不容易得到时给 PI 工程师提供的另一个使用工具。

这个过程的第一步（通常）是基于在 PDN 关注的频率范围内的一个预定的阻抗找到系统阻抗的分布[15]。分布是一个严格忽略相位的振幅图。对于负载的下一步是基于负载的估计在频域确定电流的分布。这形成的是一个典型的频谱分布，以确保在一个有限的时间内捕获整体的负载行为，它代表了所看到的电流脉冲的一个半无限谱最坏情况下的电流分布⊖。

如图 5.30 所示，电流的频谱 $I(f)$ 是由一组傅里叶分量构成的，这些分量来自时域负载分布形成的时域函数。时域的电流负载函数由在频域构成这些频谱脉冲的半无限重复脉冲的和构成。目标是确定一个分布函数来表示所有这些脉冲的包络线，以便可以在频域的这个频谱的相邻分布处创建一个新的函数

$$I_{\mathrm{L}}(t) = \sum_{k=1, N=1}^{\infty} I_k(t - NT) \tag{5.13}$$

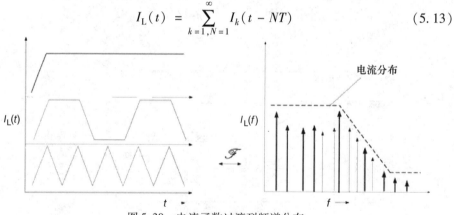

图 5.30　电流函数过渡到频谱分布

式（5.13）在一个无限的周期对电流脉冲级数求和[17]。此外，每个函数对于其他函数的时间位移是一个多时间周期 NT，使得每个函数在时间上首尾相连的排列⊖。如上所述，如果采用这个函数的傅里叶级数，则结果是在时域的一个

⊖ 这是半无限的，因为我们希望将周期函数表示为一个无穷级数。然而实际上，缩减这些脉冲在本质上形成一组基本的有限函数。

⊖ 这里每个脉冲函数的持续时间都可以表示为一个具有整数倍的长度。在一般的形式中，每个电流函数会有不同的长度。

无穷数目的脉冲函数。相对于一些时域脉冲生成的关键元素，产生傅里叶频谱的电流分布也有一个有趣的方面。如果周期加倍，例如保持上升时间不变，则频谱分布会左移，如图 5.31 中的 Mathcad 曲线所示。如果信号的上升时间保持不变，则对于在频域的包络线将有一个有限的限制，实质上限定到 $I(f)$。在图 5.31 中产生频谱的时变函数类似于产生图 5.30 的那些函数。数学上，它们被表示为一个单独的无穷级数。例如，级数仅仅是一系列的三角脉冲。式（5.14）实际上是一个傅里叶级数表示[16]

$$I_{\mathrm{L}}(t) = c_0 a + \sum_{k=1}^{\infty} \left[ca(k)\cos(k\omega at) \right] \tag{5.14}$$

分布或包络线是一个跟踪傅里叶级数产生的频谱的函数。这是一个简单正弦函数的变化

$$\mathrm{sinc}(x) = \frac{\sin(x)}{x} \tag{5.15}$$

新的函数是一个 esinc，或扩展的 sinc 函数，而

$$\mathrm{esin}(x) = \begin{cases} \mathrm{sinc}(x), & |x| < \dfrac{1}{2} \\[2mm] \dfrac{1}{\pi x}, & \text{其他} \end{cases} \tag{5.16}$$

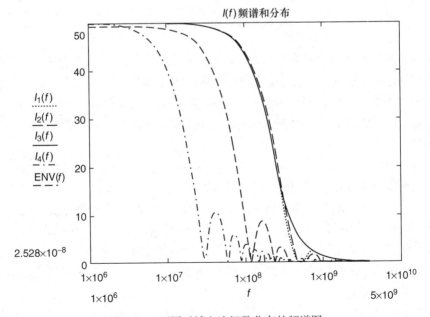

图 5.31　不同时域电流级数分布的频谱图

电流的分布函数是两个 esinc 函数的一个组合

$$I_\mathrm{p}(f) = A\,\mathrm{esinc}(\tau f)\,\mathrm{esinc}(\tau_\mathrm{r} f) \tag{5.17}$$

图 5.31 所示为一个特定的脉冲宽度（τ）。这两个 esinc 函数的原因是一个函数相对另一个不同速率的衰减。已经确定了阻抗分布振幅函数应该是什么样子，假设第 4 章的阻抗用于前面小节的时域分析。阻抗分布函数的一般形状如图 5.32 所示。这个函数在某一点上被截断，因为频谱的带宽受到电流脉冲的边沿速率限制，而阻抗的频谱在某些频率（约 1GHz）是不相关的。

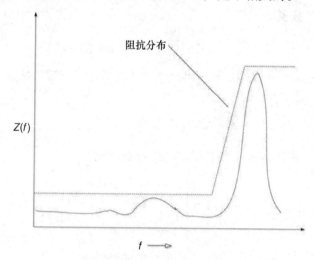

图 5.32　阻抗分布例子

这里的目的是设计阻抗的分布，以便实现在频域电流分布的卷积。因为没有相位信息，故不能捕获任何的谐振行为，从而将方法限制在只有某种程度衰减的系统中，几乎对所有的 PDN 系统都是这样。esinc 函数将包含与它相关的相位信息，然而对于电流脉冲，这与实际的傅里叶级数是不同的，因此返回时域的相关性将是不准确的。

esinc 函数给电流分布提供了一个很好的起点。为了进一步简化，对所有依赖于频率的函数可以构造分布的渐近伯德图，而这种方式可以更有效地得到结果。此外，不失一般性，这是可以做到的，图 5.33 说明了这种方法。由一系列分布，最终引入的函数是 $V(f)$ 函数，这是我们感兴趣的函数。在图 5.33 中通过在频域构建一个阻抗和电流分布，重新产生有界的电压下降波形。最后一步是执行电压波形的一个伪傅里叶逆变换，假设初始函数是有界的，最终这应该给出时域最大电压下降。

为了保证函数是有界的，有必要回顾电流和阻抗分布函数。基于电流脉冲参数和 PDN 阻抗分布，估算应该给出最大的下降，如图 5.34 所示。

在给出一个例子之前，知道如何判断结果是否有界是很重要的。换句话说，

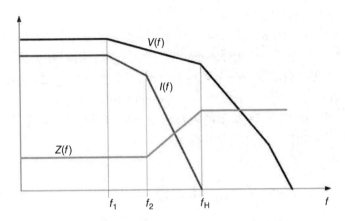

图 5.33 对 $V(f)$ 的分布结构依赖于频率的分布

如果在频域产生了一对分布函数，那么结果会是在时域有界电压域下降函数吗？要回答这个问题，必须先假定所有函数是线性和非时变的（LTI）。也就是说，为了确保结果也是 LTI，所有函数必须都是 LTI[⊖]。

图 5.34 从电流脉冲到电压下降的转换方法

数学上，有界函数 $i_p(t)$ 的幅值表示为

$$|i_p(t)| < B, \quad |z_p(t)| < A \tag{5.18}$$

式中 A 和 B——有界的有限值。因此，发现函数 $v_{dm}(t)$ 是有界的，即

$$v_{dm}(t) \leqslant \int_0^{\omega_{max}} |z_p(\omega - \omega_N)| |i_p(\omega)| d\omega_N \leqslant BA \tag{5.19}$$

卷积是由于在频域的傅里叶逆变换。如果被积函数在规定的时间窗口是绝对可积分的，则采用式（5.19）。此外，如果在频域阻抗和电流分布的最大频率是有限的，则下降的幅度一般小于 v_{dm}

$$|v_d(t)| \leqslant \left| \frac{1}{N} \int_0^{\omega_{max}} z_p(\omega - \omega_N) i_p(\omega) d\omega_N \right| \leqslant \max(v_{dm}) \tag{5.20}$$

这是另一种方式说明 v_{dm} 的最大值将总是大于任何下降事件给出的分布函数的傅里叶表示。式（5.20）仅仅是两个函数的傅里叶逆变换。注意，函数是在角频率的积分下表示的，以保证其正确性，而不是频率。形成的函数实质上在时域给出了下降的一个上限。一旦基本的分布形成，可以使模拟分布离散化，然后在关注的频率对它们进行积分。

$$v[n] = \left\langle \frac{1}{N} \sum_{k-1}^{N} z_p[n-k] i_p[n] \right\rangle_{peak} \tag{5.21}$$

⊖ 通常假定电源传输系统是线性和非时变的。然而，实现这一假设的数学表示是重要的。

式中　N——最大的离散频率。

目标是研究导致电压下降近似最大值的峰值。方法的复杂性取决于用户的选择和所需的精度。如果一个实际 esinc 函数用于分布，则积分会更复杂一些。然而，有时 PI 工程师只是寻找一个粗略的近似。因此，遵循同样的程序，渐近方法可以用来估计这个下降。下面是一个简单的渐近分析的例子。

例 5.3　采用如图 5.35 所示的阻抗和电流的渐近分布，计算一个下降事件的最大界限。用 f_F 作为最大的积分频率，并根据式（5.20）生成上限。假设频率截取值如下：

$$f_1 = \frac{1}{\pi \tau_1}, f_2 = \frac{1}{\pi \tau_r}, f_F = \frac{1}{\pi \tau_F} \tag{5.22}$$

式中

$$\tau_1 = 10\tau_r = 100\tau_F \tag{5.23}$$

使用图中的振幅值，并简化积分过程，使用以下分布函数：

$$I(f) = \begin{cases} B & ,0 \le f \le f_2 \\ -B\pi\tau_1 f & ,f_1 \le f \le f_2 \\ \dfrac{-B}{10}\left(\dfrac{99\pi\tau_1 f}{9} - \dfrac{1}{10}\right) & ,f_2 \le f \le f_F \end{cases} \tag{5.24}$$

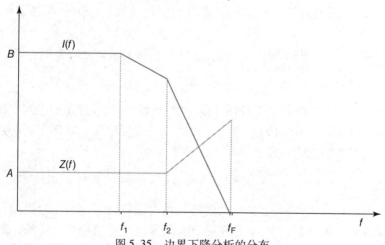

图 5.35　边界下降分析的分布

$$Z(f) = \begin{cases} A & ,0 \le f \le f_2 \\ -100A\pi\tau_1 f + 11A & ,f_2 \le f \le f_F \\ 0 & ,其他 \end{cases} \tag{5.25}$$

对离散分析，同时假设 $A = 10\text{m}\Omega$ 而 $B = 20\text{A}$。

解　渐近分布在数学上表示为在频域分析的两个函数相乘。目标是在分布离

散后对三个区域求和。首先，采
用式（5.21）。下一步是离散
化。通过每 10 倍进行采样，可
以实现沿频谱的一个粗略的近
似。这里的振幅是基于那些在时
域中的设置。因此，在离散频域
的数学表示很简单，所有需要做
的是通过卷积得到结果，然后再
除以样本数。图 5.36 所示为估
计的离散化。

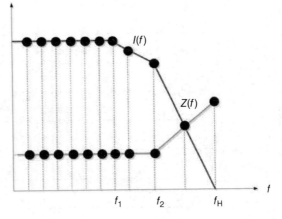

图 5.36　分布的离散形式

　　一个电子表格程序用来计算
$v[N]$ 的值。卷积是沿离散谱的
一个简单要素移位乘以每 N 个
要素。因为是乘以各个独立的值，所以计算只是一个卷积要素乘以非卷积要素之
和，结果如图 5.37 所示。

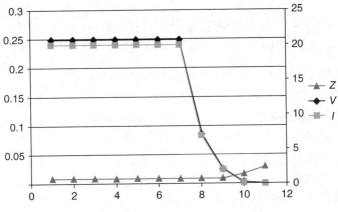

图 5.37　显示 I、Z 和 V 的离散卷积结果

　　如果频率向下移动阻抗分布，则最大值预计将增加。这里，最大值出现在衰
减点以下。对于一些分布，这可能出现在一个较高的频率。图 5.38 所示为阻抗
分布下移并且估计的最大下降增加。

　　对于给定的约束，数据表明下降事件各自不应超过 250 和 350 mvpp。然而，
这些仍然是粗略的估计，并且不应依赖于建模工作给出的最终答案。电子表格是
一个快速和简单的方法来确定是否下降事件将大于所预期的情况。无论是在时域
采用一个粗略的 PDN 或使用这种方法，目的始终是在建模之前对问题进行深入
了解。

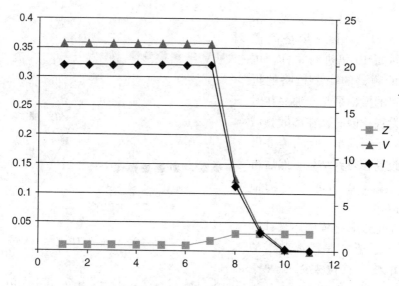

图 5.38　阻抗分布左移和 V 的结果

5.4　小结

在这一章中，对源和负载时域分析的建模方法进行了仔细研究。重点研究了作为一个源模型的降压变换器，并讨论了开环和闭环源模型。包括两个模型的原因是有时 PI 工程师不需要复杂、先进的转换器模型来分析系统的电压下降。同时也提出了一些负载建模的方法，最重要的是在 SPICE 中的 G 模型。也考虑了在硅器件的负载源，重点是在一个微处理器上显示系统的 di/dt 有多高。在这些关键参数中，对阶跃函数的转换率进行了综述。然后相对前一章的频域分析，时域下降事件将用来说明这些下降事件如何以时间表征。根据负载活动以及硅器件如何响应这些负载，每个下降事件都是唯一的。举例说明如何将 PDN 与源和负载结合，然后用两种不同的源模型显示了一些基本结果，说明其差异主要在低频响应，如预期的那样。最后，讨论了在频域的边界值分析，以及根据负载曲线和阻抗分布曲线知识如何预先确定一个下降。这个简单的方法可以用一个粗略的离散傅里叶分析快速估算下降事件。

习　　题

5.1　确定渐近 Bode 图极点和零点，使用例 5.1 的数据。

5.2　利用第 5.1.1 节给出的 Veneable *K* 因子法计算补偿值。

5.3　画出例 5.2 的原理图并运行和例子中给出的具有相同阻抗值的闭环开关模型。

5.4　在习题 5.3 中在 PDN 和电压调节器之间的电容增加 5 倍。最大的三阶下降是多少？

5.5　对例 5.3 建立第三个积分并求解它。这是占主导地位的最大下降吗？

5.6　使用相同的数据得到一个类似在例 5.3 中所描述的电子表格。如果峰值阻抗是例子中的两倍，那么下降事件是什么？

参 考 文 献

1. Paul, C. R., and Love, C. A brief SPICE tutorial. *IEEE EMC Society Newsletter*, no. 225, Spring, 2010.

2. *PSPICE Users Guide*, Cadence Design Systems, http://www.cadence.com, Inc., 2009.

3. *PSPICE Reference Guide*, Cadence Design Systems, http://www.cadence.com, Inc., 2009.

4. Kasat, S. Analysis, design, and modeling of DC-DC converter using simulink. Masters Thesis. Oklahoma State University, 2004.

5. Griffin, R. E. Unified power converter models for continuous and discontinuous conduction mode, analysis. *PESC*, pp. 853–860, 1989.

6. McDonald, K. F. *Dependent source modeling for SPICE. IEEE Pulsed Power Conf.*, pp. 365–368, 1991.

7. Luo, Y., Dougal, R., and Santi, E, Multi-resolution modeling of power converter using waveform reconstruction. *Simulation Symp. Proc.*, pp. 165–174, 2000.

8. Smedley, K. M., and Cuk, S. One-cycle control of switching converters. *Power Electronic Specialists Conf.*, pp. 888–896, 1991.

9. Ninkovic, P., and Jankovic, M. Tuned-average current-mode control of constant frequency DC/DC converters. Industrial Electronics Symp., pp. 235–240, vol. 2, 1997.

10. Veneable, H. D. The K-factor: A new mathematical tool for stability analysis and synthesis. *Powercon* 10, pp. H1–12, 1983.

11. DiBene II, J. T. Integrated power delivery for high performance server based microprocessors. PwrSoC, 2008.

12. Hochanson D. H., and DiBene II, J. T. Power delivery for high performance microprocessor packages—Part I. Electromagnetic Compatibility: *IEEE Int. Symp*, 2007.

13. Liu X., and Liu Y-F. The extraction and measurement of on-die impedance for power delivery analysis. *IEEE EPEPS*, 2009.

14. Bowman K., et al. Dynamic variation monitor for measuring the impact of voltage droops on microprocessor clock frequency. *IEEE CICC*, 2010.

15. Meijer, M., Pessolano, F. and Pineda de Gyvez, J. Technology exploration for adaptive power and frequency scaling in 90nm CMOS. *IEEE ISLPED*, 2004.

16. Paul C. R. *Introduction to Electromagnetic Compatibility*. Wiley, 1992.

17. Oppenheim A. V., and Willsky A. S. *Signals and Systems*. Prentice-Hall, 1983.

第6章 电源完整性的系统考虑

在系统级分析电源时，除了电源、负载和分布的元件，还有一些平台级的元件需要考虑（电学上）。如在前面章节中观察到的，不仅需要考虑 PDN，还需要考虑 PDN 如何影响负载和源的动态行为，以及传输到负载的电源功效。在第 5 章时域分析中，很显然负载扰动表示电源分布路径和全系统电源传输有多好（或差）。这是通过分析由于不同负载引起的不同压降来完成的。然而，本书只研究电压设定值保持静态的简单情况。如果允许这个设定值随负荷变化移动，那么它将如何变化？这是本章所探讨的拓宽 PI 工程师学习范围的一个方面。另外也引入在 PDN 的噪声影响，因为这增加了称为电源系统的保护带。不同的噪声源将被分解并研究它们是如何影响在负载的电源分布网络质量。也同时考虑用来抑制噪声源的不同技术。我们研究与 PI、不同的 EMI 源和由于 EMI 的辐射相关的电磁干扰。最后，将对 PDN 相关 PI 的一些基本测量技术进行讨论。

6.1 电源负载线的基本原理

良好的 PI 的关键是要确保电源在负载所有扰动期间保持稳定，并且在所有任何的下降事件过程中保持数据完整性。在正常工作期间，为了改变系统的性能和频率，许多先进的硅器件需要电压设定值的变化。这在第 5 章中进行了简要介绍。当电压设定值增加时，计算器件将运行在更高的频率，允许处理器有更高的性能和吞吐量。然而，伴随这种更高的带宽和性能的是工作负载处理过程中更大的下降事件。这是一个预期的结果，因为器件通常要求在较短的时间需要一个更大的电流，以更高的带宽处理数据。在某些情况下会发生的下降事件可能会超出电源系统和 PDFN 提供足够电源的能力，它需要 PI 工程师和电源转换器的设计师超裕度设计系统，从而导致一个更昂贵的解决方案。这当然不是所有支撑硅器件的电源轨要求的，但对于高性能计算和处理就是如此情况。

解决这个问题的方法之一是增加电压设定值高于名义上需要的值，从而产生额外的电压保护带来防止寄生的下降事件。然而，这种方法存在风险，如果设定值太高，则其结果可能会损害器件。此外，在这些器件更高的设定值会导致更高的功率损耗⊖。

⊖ 在纳米技术中更高的电压会增加漏电流。晶体管的漏电流是电压的函数（除其他参数外），并随电压指数增加。

图 6.1 所示为电压设定值设置得太高或者太低时会发生什么。在左侧的电压设定值设定得太低，导致在一阶的下降或下冲，下降将低于器件允许的最低电压。当下降事件大于系统的响应时会出现这个情况。在右侧，电压设定值被设置得太高，导致过冲事件超过器件可以处理的最大电压。如果电压超过器件和工艺中可以接受的可靠性参数，则硅器件会损坏。随着硅器件的电压下降，它们的最大和最小阈值就会减小，可能会导致操作失误或故障。解决这个问题的一个方式是负载线，或如已在第 2 章所讨论的（虽然是暂时的）在转换器的设计中使用自适应电压定位（Adaptive Voltage Positioning，AVP）。

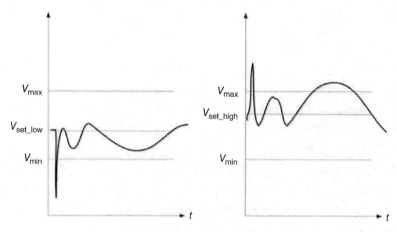

图 6.1 V_{max}/V_{min} 和电压设定值问题

6.1.1 负载线

专为特定的硅器件设计的 PDN 在电源传输系统中的负载线是 DC 电阻的函数，如图 6.2 所示。路径的 DC 电阻有一个压降，

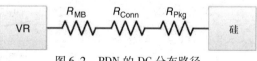

图 6.2 PDN 的 DC 分布路径

如在负载端看到的，因此总是有源自 VR 和硅之间的一个电压差。

对于一个给定的电流，相对 DC 负载线的电压差会增加。然而，为了保证性能，硅器件要求电压在一定的范围和特定的工作条件下。因此，在反馈路径中，电压调节器需要调整电压，使得在器件的工作条件下保持正确的值。图 6.3 所示为一个基本电源传输方案的标称负载线。术语标称上意味着没有与图 6.3 中的负载线相关的误差。在一般情况下，对每一个实际负载线的设计都会有一个误差或容差。这些误差将在本章稍后讨论。

一个负载线的工作是简单的，负载中的平均电流从一个较低的值移动到较高

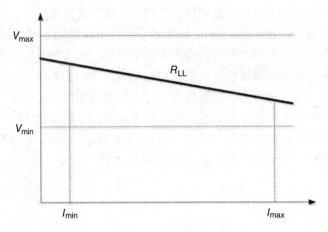

图 6.3　基本负载线

的值，电压下降。然而，负载电压仍必须在硅器件正确工作的调节范围内。这个工作区域由 VR 预先编程确定，保证所有负载线上的电压限制得到满足。为了便于说明，在图 6.2 中假定只有一个电压设定点。

当负载的电流增加时，VR 将迫使电压调整到合适的值。这意味着该电压调节器必须能够检测电流以及输出电压，以确保维持适当的输出值。如果在电流中出现一个阶跃变化，例如在这种情况下的空载，则负载的电压重新调整到一个过冲而不会损坏器件的点，如图 6.4 所示[⊖]。通过定义，一个电流下降事件不能在 I_{max} 发生，因为这是在给定的工作条件下负载可以形成的最大电流。

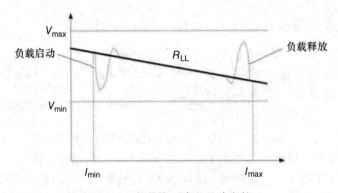

图 6.4　负载线下降和过冲事件

负载线编程是通过连接的硅器件到 VR 的通信端口进行的。对微处理器，该

⊖　动态行为没有显示在负载线曲线中，因为根据定义负载线是一个非常低的频率或 DC 事件。在这里显示的动态电压仅用于说明的目的。

端口称为一个电压 ID（VID）端口。在设计中是并行或串行的，但它的功能是相同的，将信息发送到 VR，调整它的电压到正确的设置。VID 设置是在最低或零负载确定的。在实践中，负载线有多个 VR 设置，因此有多个负载线。这是因为对每个器件的工作频率，设定不同的电压以确保正确的工作和性能。

　　负载线同样具有与它相关联的测量误差。这种容差可能是由于检测路径的 DC 电阻时出现的，一旦建立一个实际的系统，这是很难准确测量的。最常讨论的负载线行为的问题是在一个实际系统中的负载响应速度有多快。在实践中，测量的电流数据随测量的电压数据实时反馈回来。然而，电流的检测数据通常比电压的检测数据慢，因此，响应比 VR 总回路响应慢。然而，如果负载线和初始电压设定值是正确的，那么由于负载线补偿的时间延迟不是一个问题。负载线被认为是一个静态的事件，因此不依赖于 PDN 的高频滤波以控制它的行为。这对于大多数电源传输系统认为是足够的。

6.1.2　容差带和电压保护带

　　对于一个给定的电源传输方案，在测量中有实际的偏移和误差。其中许多与 VR 控制器有关，一些与转换器和 PDN 滤波有关。正如 6.1.1 节所述，该负载线也具有与它相关联的误差，如图 6.5 所示。

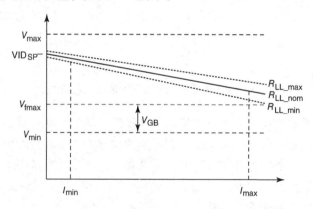

图 6.5　负载线容差、VID 设定值和电压保护带

　　注意负载线的斜率是多个因子的函数。根据采用的 VR 电流检测类型，影响可以大或小。对于存储电感检测，这些影响中的一些如下：

1）电感的 L 和 R 温度：电感和 DC 电阻；

2）L 和 R 容差：电感的静态制造容差；

3）R 和 C 容差：RC 网络电感的误差。

4）运放电阻：电阻反馈网络（典型的电阻失配）到电流检测运放的误差；

5）运放：随机偏移误差和增益误差。

电流传感器的一个简单的示意图如图6.6所示。对于误差，线性变化的斜率是电流负载的函数。这是因为在检测路径积累的误差会直接影响负载线的预期值[3]。由于误差是恒定的，但乘以电流，误差会随着负载的增大而增大。还有与电压传感器相关的额外误差。然而，这些误差比电流检测装置的误差小。

在图6.6中，为了用传感器测量负载线，需要测量源的输出电压与输出电流的负载，数学上

$$R_{LL} = \frac{V_S - V_L}{I_{out}} \tag{6.1}$$

式中 R——负载线电阻。

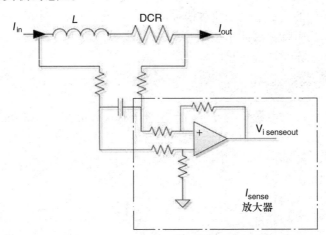

图6.6   用于电感检测的电流灵敏放大器的例子

与负载线增加相关误差具有典型的统计特性。例如，在运算放大器的偏移误差依赖于许多因素，包括用来减少它们可能的校准方法。在反馈路径的电阻也可能有误差，由于制造容差和难以弥补，尤其是当元件是分立的而不是硅器件的一部分时。误差累积对容差的影响如式（6.1）所示。因此，在负载电阻的变化是由每个变量的变化引起的，由式（6.2）测量

$$R_{LL} \pm \Delta R = \frac{(V_S \pm \Delta V_S) - (V_L \pm \Delta V_L)}{(I_{out} \pm \Delta I)} \tag{6.2}$$

由于这些误差引起了负载线的漂移，故整体容差带（TOB）也发生了改变[1]。该系统的TOB是在电源传输系统测量的总误差，包括在总负载线电压设定值精度，也包括负载线斜率误差。典型的TOB误差源的示意图如图6.7所示。

对负载线容差的误差是占主要地位并在传感器（放大器）中随着参考数据和滤波器容差积累的[2]。图6.8所示为TOB随着定义的电压保护带的变化。出于说明的目的，显示了好的和差的TOB以及电压保护带。好的TOB显然是一个

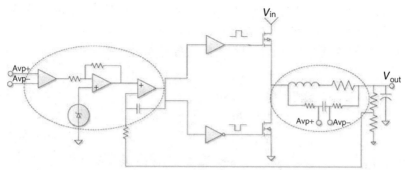

图 6.7　在一个简单的降压转换器例子中 TOB 典型的误差源（圆圈中）

在额定负载线附近误差最小的。因此，这给系统中的电压保护带留出更多的空间。差的 TOB 在 V_{min} 和 V_{max} 之间可用的范围占据了很大部分，因此限制了系统的可靠性和性能。

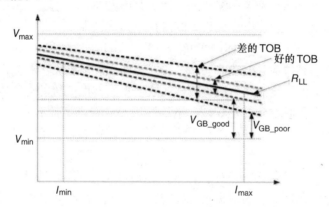

图 6.8　电压保护带的 TOB 定义

　　对误差容差每一方面内容的理解都超出了本书的范围，建议读者参阅本章最后列出的参考文献。这里的意图是提供洞察容差的关键性要素及如何确定总的贡献，这样可以更好地理解系统的容差范围。一旦知道这些范围，就确定了电压保护带。对 PI 工程师来说这是关键，目的是要确保在所有条件下提供 PI。

　　图 6.9 所示为反馈的完整路径图。了解这条路径可以理解误差和它们的贡献。大多数这些内容在第 2 章讨论过，没有涉及所有的细节。这里对 TOB 的反馈进行了研究，从图 6.9 左边开始，VID 设置为以数字位的形式进入到 DAC（数模转换器），它代表 VR 模拟电压设置。DAC 把这些数字位转换为模拟量，而模拟信号在求和点反馈到误差放大器。伴随着 DAC 的模拟电压，两个转换电流检测电压和电压检测反馈到这个节点。目的是为了将输出电压调整到适当的设定值，假定参考数据是由 DAC 和传感器提供的。如在前面的章节中看到的，误

差放大器将弥补任何差别并调整相应的值。误差放大器具有自己的参考电压，如在第5章的讨论，这是一个典型的带隙基准，是用于与其他的输入相比。其他的元件已在前面的章节中进行了详细讨论，主要是在第2章。

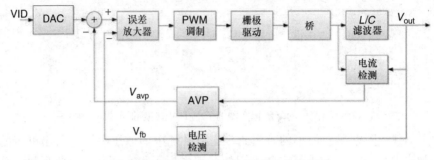

图 6.9　电流和电压检测与测量的分级框图

如上所述，目标是确定回路总的 TOB。TOB 包括制造容差（刚讨论的）、输出电压纹波和由于温度的电压偏移。或者换个方式，即

$$\text{TOB} = \text{TOB}_{\text{mfg}} + V_{\text{ripple}} + V_{\text{TT}} \tag{6.3}$$

TOB 通常包括纹波和热电压偏移，这些组成部分通常会导致最大的部分限制电压保护带。电压纹波是测试仪测得的纹波量，并由系统的电源传输方案规范的限制确定。在负载看到的是纹波。电压纹波是转换器的工作以及 PDN 滤波的函数。因为纹波是一个相对于硅器件开关的低频事件，它实际上有助于总的 TOB。

热漂移是由于在系统中相对于正常工作温度范围的电压偏移。在 TOB 路径中有一个以上的元件受到系统中热差异的影响。一个简单元件的例子是在路径中作为温度函数的铜的 DC 电阻的漂移变化。虽然这样一些漂移应在反馈路径中补偿，但总是会有一些偏差积累形成误差。所有三个 TOB 元件的积累如图 6.10 所示，在图的右上显示所有组成部分的贡献。

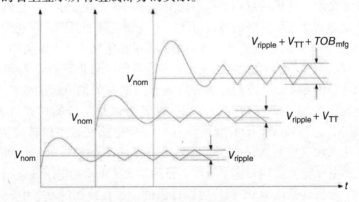

图 6.10　TOB 的误差积累

电压纹波和电压热偏移积累通常是特定的直接进入整体 TOB 的量和积累。然而，TOB_{mfg} 是一个统计变化的积累。设计者和制造商有许多方法确定变化的范围，而每个机构可以用不同的方式对待它。一个常用的方法是用二次方根的总和（RSS）的方法确定 TOB 的变化。总的分布是在路径累积误差的总和为

$$\sigma_{\text{total}} = \sqrt{(\varepsilon_1)^2 + (\varepsilon_2)^2 + \cdots + (\varepsilon_{n-1})^2 + (\varepsilon_n)^2} \tag{6.4}$$

式中　ε——与保护带计算相关的误差。

我们知道统计变量 σ 是平均值的标准偏差。对名义上总偏移，只需要将分析从一个通用的标准差转换为 mV，如图 6.5 所示。新的方程为

$$\text{TOB}_{\text{mfg}} = \sqrt{(\text{VID} \cdot N_{\text{VID}})^2 + (V_{\text{AVP}})^2 \cdot \left(N_{\text{CE}}^2 + \frac{N_{\text{ESR}}^2}{n_{\text{ph}}}\right) + (V_{\text{AVPdyn}})^2 \cdot \left(\frac{N_{\text{L}}^2 + N_{\text{C}}^2}{n_{\text{ph}}}\right)} \tag{6.5}$$

式中系数见表 6.1。

表 6.1　TOB_{mfg} 计算的误差值

系数/变量	定义
VID	VID 电压值对误差分析在标称电压时设定
N_{VID}	VID 设置的百分误差由 DAC 误差确定
V_{AVP}	$I_{\text{max}} * R_{\text{LL}}$ 为沿标称负载线的总调整电压 ΔV
N_{CE}	控制器中检测的电流误差百分比
N_{ESR}	电感的 ESR 误差百分比
n_{ph}	VR 的相数
V_{AVPdyn}	$I_{\text{dyn}} * R_{\text{LL}}$：动态阶跃变化的总压降
N_{L}	电感滤波器（VR）误差百分比
N_{C}	电容滤波器（VR）误差百分比

许多系数按照总偏差项（2σ，3σ 等）得到整体容差带。应当指出的是，式（6.5）是制造容差带的总体估计。PI 工程师或 VR 设计师可以选择对一个更详细的研究进行结论计算，包括一些额外的保护带，以获得更准确的估计。下面的例子说明了方程使用的一个简单的计算和分析。

例 6.1　计算在表 6.2 中给出值的情况下一个电源传输系统的容差带。如果电压纹波为 $10\text{m}V_{\text{pp}}$，而电压热漂移为 5mV，那么总容差带是多少？假设总容差带基于 3 倍的标准差，如果设计师想得到一个 5σ 分布，那么容差带会是怎样的？

表 6.2　用于计算保护带的值

系数/变量	单位
VID	1.25V
N_{VID}	0.5%
V_{AVP}	90mV
N_{CE}	2%
N_{ESR}	5%
n_{ph}	4
V_{AVPdyn}	$I_{\text{dyn}} * R_{\text{LL}} = 75\text{mV}$
N_{L}	15%
N_{C}	8%

解　首先，用式（6.5）计算 3σ 偏差。这是一个插值问题

$$\text{TOB}_{\text{mfg}(3\sigma)} = \sqrt{0.00625^2 + 0.9^2 \times 1.02 \times 10^{-5} + 0.75^2 \times 7.2 \times 10^{-3}} \approx 9\text{m}V_{\text{pp}}$$

$$(6.6)$$

将总的保护带添加到方程，结果为

$$\text{TOB} = 0.009 + 0.010 + 0.005 \approx 24\text{m}V_{\text{pp}} \tag{6.7}$$

这是一个高性能的电源传输系统的合理保护带。然而，有时理想的是在保护带中增加标准偏差数，以确保平台的良率也很高，以便在场区由于误差而失效的概率较小。如果现在增加标准偏差数到5，则结果变为

$$\text{TOB}_{\text{mfg}(5\sigma)} = \frac{5}{3} \sqrt{0.00625^2 + 0.9^2 \times 1.02 \times 10^{-5} + 0.75^2 \times 7.2 \times 10^{-3}}$$

$$\approx 15.6\text{m}V_{\text{pp}} \tag{6.8}$$

这将产生一个约 $31\text{m}V_{\text{pp}}$ 的总 TOB。虽然从成本的角度来看增加的不多，但对潜在的场失效的回报效低可能是重要的。当然，这样的代价是小的电压保护带（后面将会看到）可能会降低器件的性能。在售的高可靠性系统和在所有条件下具有顶级性能之间通常需要做出一些艰难的选择。

既然 TOB 已经讨论过，下面可以返回讨论电压保护带。这本质上是在 I_{max} 时从负载线中减去 TOB 时剩下的。这个电压差通常是前面讨论的例子中系统性能的一个关键要素。一旦电源传输系统的边缘已进行测量和评估，电压保护带就是一个预定值。电压保护带的目的是在产品使用寿命内各种条件下最大限度地提高性能[4,5]。电压保护带是和器件可以正确工作的最小电压联系在一起的。因为对每个工作模式，对器件有相应的负载线和 V_{min}，对于一个给定的 VID 设置，有一个与其他不同的特定工作范围，如图 6.11 所示。由于负载电流的性能高度依赖于工作频率，因此如果负载的工作范围发生变化，则器件的带宽也发生变化。

注意到在图 6.11 中，三个不同值的 VID 设置表示三种不同的负载线和三个不同的最小电压。在一个较低的 VID 设定值，工作频率通常设置的是较低的，因此该器件的性能处于较低的水平。然而，在一个较低的 V_{min} 设置，电流负载范围可能不同，硅器件可以继续正常运行，尽管电压设定值低于另一个 VID 设置。这是因为随着器件的开关速度变慢，对晶体管和器件的栅极约束变小。相反，随着 VID 设置增加，负载范围增加，而 V_{min} 也这样，从而导致一个较小的电压保护带[6]。

最小电压和电压保护带是测试或测量的标准值集合。大多数高性能硅器件符合在制造时建立的不同工艺指标，并根据测量条件下的性能进行分类。当器件被放置在测试仪中时，对封装和/或芯片上特定点的电压进行设置和测量。器件通过一系列的测试来确定其性能。为了确保器件在规定的范围内

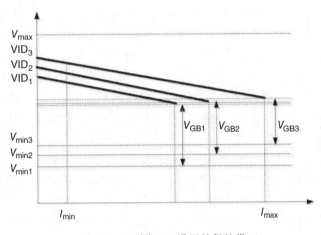

图 6.11　不同 VID 设置的保护带

工作，将上述保护带（方差）分配给它。一些器件被移动到不同的位置，并在一定的工作速度范围内进行分类，以达到标准的应用电压。在这些位置，器件在一套标准的工作标准下运行，包括电压。为确保所有器件在所在位置正确工作在它们的使用周期，电压保护带的一部分被分配给它们。这样，给系统器件施加电压时，在相同位置的所有器件本质上运行是相同的。因此，总保护带的百分比应用于整体电压保护带的计算。

保护带计算的另一部分是测试仪的保护带。测试仪也具有局限性和不准确性，这增加保护带偏移正常运行电压的部分。然而它不会明确地显示在图 6.11 中，即保护带是隐含的。通常，对于一个给定的设置和器件，制造工程师会知道这个信息。表 6.3 列出了有助于电压保护带计算的各种形成因素，虽然不按任何特定的顺序或大小。

测试仪保护带是生产测试仪的测量误差的函数，用于确定 VID 范围设置的硅负载的实际电压。这是一个统计值，而计算的绝对误差取决于许多因素，每部分都超出了本书的范围。PI 工程师必须知道的重要一点是，这个保护带存在和影响系统的整体电源传输。

表 6.3　电压保护带常见的形成因素

元件	定义
测试仪 GB	产品测试仪误差（统计的）
老化、温度和 VID 补偿	由于老化（使用周期）、温度变化和 VID 补偿误差（二进制）的效应
局部的硅偏移	由于测量误差位置在局部硅的非确定性的偏移
工艺 GB	器件的工艺变化

　　下一个考虑的保护带通常是集中在一起的。这是老化、温度和 VID 补偿偏移保护带。通常这些误差都很小，而它们的贡献小于计算的总电压保护带的 10% ~ 15%。由于老化，保护带误差常常取决于负载器件的老化和 VR 控制器老化。随着硅器件老化，有一些不确定的影响是不可预测的，对一些放大器这涉及参考两个器件以及偏移量。老化的误差通常由制造商提供，然后添加到整体保护带。即使这些误差随时间变化，温度变化也添加到保护带。事实上，有两个部分，即确定性和不确定性的温度效应。第一个是关于器件的，如在带隙基准中的温度漂移或补偿网络中的偏移及 VR 中的运算放大器。这些保护带误差作为产品可清楚地预测，而 VR 设计师对这些因素的贡献有一定的理解。一旦组件被加载到板上，并作为随时间工作的单元，由于温度波动和老化，这些误差会发生漂移。然而，老化和温度的变化往往是相互正交的，意味着对误差漂移的方向，它们应分别考虑。

　　最后的保护带的贡献是器件本身严格的函数，并且对具有多电源和负载的更复杂元件发挥作用，如多核微处理器。大多数的平台设计师和封装设计师不奢望在每一个硅器件接触点上都有检测点。事实上，在每个轨只有一个检测点检测出电压，但这只是一个平均测量点。因此，虽然对 VR 和系统设计师会变得简单，它导致在芯片上的任何一个位置的实际电压是模糊的。如果在一个芯片上有多个处理单元或内核，则每一个都有其接地参考和电压平面，尽管都连接到一个单一的电压轨。这样测量出该测量点相对芯片上该处理单元的电压。对于大多数的硅器件，这可能不是一个问题。然而，对于高性能器件，这个保护带必须添加到整体保护带电压误差中，以确保所有的处理单元随着时间的推移正确工作。

　　PI 工程师不需要审视每一个误差或系统中的保护带。然而，对元件的基本了解有助于 PI 工程师维护系统的 PI。

6.2　电源完整性中噪声来源的考虑

　　到目前为止，已经讨论了负载线如何影响电源传输系统，特别是使用负载线的电压保护带的优点（和一些缺点）。电源传输系统主要针对两种类型的噪声，即自发产生的电源总线噪声和耦合的电源总线噪声。第一种类型是 PDN、转换器或负载（或三者的任何组合）工作时固有的，而这种噪声会降低系统中的电压保护带，其频谱必须保持在低于 1GHz（以保护电压保护带）。其他的噪声源是由于从外部源耦合到电源总线形成的，该噪声源通常由另一个临近该电源网络的电源网络或信号产生。这种耦合在复杂的 PDN 系统中很常见，并且类似于 IO 传输线的串扰问题。幸运的是，当噪声在一个区域减小（接近源）时，往往在其余区域也减小。对噪声源的仔细检查为的是了解它们如何减少系统中的保护带。在本章后面，我们将考虑电源传输系统的噪声如何影响电路板和机箱的其余部分。首先，我们看看噪声产生的原因和一些用于模拟噪声建模的基本方法。

6.2.1　自发产生的电源总线噪声

在一个电源传输系统的电源总线噪声有两个来源，即开关转换器的噪声和负载开关工作的噪声。这里讨论的重点是转换器产生的噪声，其次是本章后面讨论的普通硅负载噪声。

转换器的噪声主要是由于转换器的开关造成的，噪声的频谱取决于构成开关电源路径的元件数量。回顾一下第 2 章的 CMOS 开关行为的讨论，很明显即使关断时，开关也会产生噪声[⊖]。这个噪声实际上是由于 FET 开关的栅极电荷存储的能量释放进入了负载。对硬开关的拓扑结构，这是一个典型的问题（见第 2 章）。图 6.12 所示为在 FET 的一个开关模式中潜在的开关行为产生的噪声，在 FET 的能量产生振铃返回到输入电压连线。

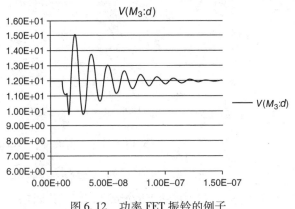

图 6.12　功率 FET 振铃的例子

因为噪声的位置，大多数工程师认为这对保护带没有影响。然而，事实并非如此。由于调节器占空比是输出输入电压之比，故 PWM 信号会受到影响。当输入电压下降或过冲时，占空比会抖动，从而使输出电压改变。这种变化将对保护带产生影响。对桥 FET 对的完整返回路径，这个振铃（潜在地）也将在接地回路出现，如图 6.13 所示。

⊖　这里"关断"是一个相对项。器件关断不久后，器件中的电容仍在充电和放电，在器件和周边元器件产生噪声。

　　图6.13中的电流将在所示的占空比路径中循环，然后在另一个回路中转换。在占空比周期，当边缘转换时（上升和下降时间），电流将流过如图6.13所示的寄生电感。通过结构的PDN侧，存在一个有限电感路径的接地回路，可以通过该电压源驱动[15]。如果发生这种情况，则这种噪声也将在输出电压测量的接地侧出现。对PI工程师来说，这将是一个重要的问题，特别是当噪声没有被PDN过滤或转换器布局的其他设计很差时。通常产生这个问题的原因是在系统中FET电容的能量与其他寄生效应谐振，导致振铃发生[13]。此外，这种振铃也可能导致转换效率低下。如果振铃是非常显著，那么线路电压受到影响而器件将不会完全关断或导通，导致占空比的抖动[14]，造成更多的损耗。

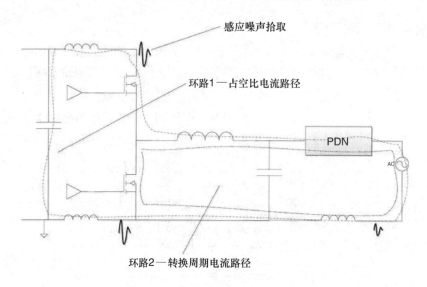

图6.13　带噪声拾取位置的电流路径

　　为了减轻噪声，它通常是留给设计师合理布局转换器相对PDN的布局。然而，这是PI工程师和VR设计师需要共同努力的目标，提供高质量的电源输送到要供电的装置。也就是说，他们的目的是减少器件布局中的回路电感，使FET转换具有到源的低回路阻抗。要实现这一点，必须保持在功率器件布局的回路电感足够低。图6.14所示为在一个印制电路板上功率MOSFET漏和源的两种布局（截面）。注意左边的布局有一个从漏到源大的电流路径。这可能是由于板的布局工程师和设计工程师没有注意电源和接地平面在PCB层的堆叠连接。也可能是由于输入信号密度和路由布局约束。这里，源压焊点连接到器件安装相对侧的平面。这导致最大的电感或电流回路路径，因此产生最大的电感和潜在噪声。相反，由于地平面更接近器件的电源平面，所以右边的布局显示了一个要低很多的电流回路路径。此外，工程师选择将漏极连到器件同一侧平面，这会导致一个更短的电流回路。工程师需要问的问题是，在任一情况下环路引起的实际噪声是多少，而其中任一结果会是一个问题吗？利用第 3 章第一原理方程来估计这些回路，它可以评估潜在的噪声对系统的影响。这在例 6.2 中将进行说明。

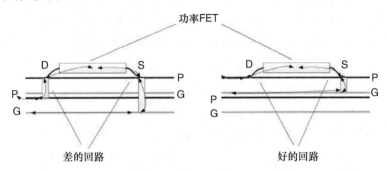

图 6.14   两种功率 FET 布局的比较

例 6.2   估计在图 6.15 中功率 FET 的回路电感。使用表 6.4 中的尺寸来计算回路电感。忽略封装外任何其他的回路路径。使用图 6.13 的原理图构建一个 SPICE 模型，对输入端的噪声进行模拟。如果噪声也出现在地平面，那么这个噪声是否会耦合到负载？忽略在仿真中的 PDN 部分。

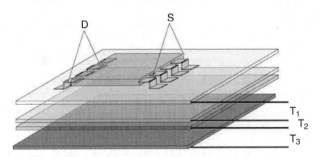

图 6.15   一个 FET 封装布局的噪声估计

表 6.4   FET 的布局和 PCB 尺寸

变量	定义	值
T_1	L_1 和 L_2 之间的间隔	0.020in
T_2	L_2 和 L_3 之间的间隔	0.010in
T_3	L_3 和 L_4 之间的间隔	0.020in
PT	封装上压焊点间距	0.030in
W	压焊点到压焊点宽度	0.160in

解 这是一个复杂问题的简化形式。接地回路耦合常常很难发现，而建模更困难。图 6.15 的目的是使读者理解该噪声产生的来源而不是建议分析的方法。

漏极和源极引脚位置如封装中所示。假定电流从漏极到源极，然后如图 6.13 所示通过平面返回。这部分电感本质上是因为整个回路电感将包括所有桥接，再从滤波器返回电源。这里关注的主要是在电源回路的电感可能产生的噪声。如第 3 章式（3.111）可以用来计算下面两组不同值的情况下 FET 的电感。

为了便于估算，最好在两个视图中对结构做一个快速的概述。图 6.16 所示为仔细标注尺寸的平面和横截面。关注要点是金属的连接出现在焊接头，或某些情况下为通孔接头，认为是在接触的中间而不是在内部或外部边缘。为了使工作更容易一点，尺寸采用中心距形式。这种方法被用在第 4 章一些类似的计算中。还有，这仅仅是一个理想的电感平均值的估计。

因为这是一个估计值，所以通孔集中在一起而不是由每个电感的贡献

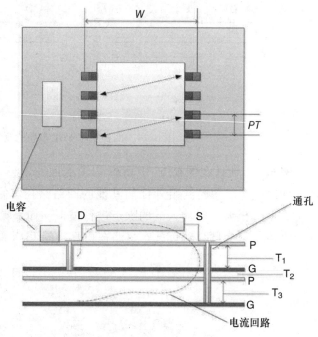

图 6.16　例 6.2 的二维简图

分配。如果电流如图 6.16 中上平面所示的方向流动，则宽度是用来作为电流通过平面路径的估计。可以假定输入电容是非常接近的漏电压焊点（见图 6.16），任何这个回路外的辅助电感都可以忽略。

作为一级似值，电流应通过板平面，与封装内的电流流动镜像。然而，硅器件和晶体管不是遍布封装宽度的。关于硅芯片内部的信息很难得到，尽管如此，对这个功率 MOSFET 可以假设（和如今使用的许多器件）晶体管和硅芯片接近封装的大小[⊖]。此外，可以把线之间的距离作为通过封装的电流近似。最后的估计由于回路本身，电流路径将受到最接近器件的电源地平面对限制。然而，注意

⊖　对老的器件并不总是这样。新器件具有更小的封装，器件仅比硅芯片大一点点。

中间的 P/G 对似乎是根据电流路径隔离的。这表明，在这个平面对和外平面对之间有一个平面的分割或一个大的阻抗。另一种可能的解释是这一区域附近有运行的信号，这将消除它们下面平面的用途。在这个例子中最好忽略这种可能性，并假设电感是由于外平面引起的。

忽略平面的厚度，并清楚理解简图中的尺寸和电流，就可以得到代入方程所需的近似数据。给出的尺寸单位是 in，因为方程中的变量采用国际单位，因此有必要将它们转换为 m。用式（3.111），结果变为

$$L = \frac{\mu_0 ls}{w} = \frac{\mu_0 W(T_1 + T_2 + T_3)}{2PT} = \frac{4\pi \times 10^{-7} \times 4.06 \times 10^{-3} \times 1.27 \times 10^{-3}}{2 \times 1.52 \times 10^{-3}} \approx 2.13\text{nH}$$

(6.9)

接下来的任务是在 SPICE 中仿真噪声。接地回路放置在输入电容接地的一边，然后电感放置在上面 FET 的漏极侧和下面 FET 的源极侧。其他地方的接地都去除了，所以可以检查噪声。注意在图 6.17 中，在地和电源侧有明显的噪声。如果这个点和 PDN 的输出之间有一个有限的电感，则可以认为这个噪声耦合到负载一侧具有很大的可能性。

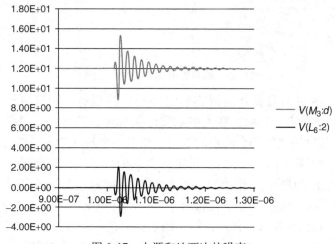

图 6.17 电源和地两边的噪声

正如前面所述，为了确定在负载端的噪声大小，要考虑许多因素，以及这些因素之间的硅器件的接地回路阻抗。如果噪声具有纯粹的微分特性，则噪声就不会影响保护带。由于 VR 控制器和负载之间接地参考的差异，噪声将仍然对电压保护带有影响。VR 噪声的影响将在本章后面的章节中进行更多的讨论。

6.2.2 耦合的电源总线噪声

当两个电源传输网络以某种方式交叠时，会产生耦合的电源总线噪声，使它

们之间形成电容和电感性耦合噪声[16]。在比较大的电源平面垂直堆叠至接近另一个时，这个噪声是最普遍的[17]。

这可能出现在成本和层数昂贵的 PCB 堆叠中，而约束迫使板设计师允许电压平面相互一致。图 6.18 所示为一个结构的例子，噪声从一个网络耦合到另一个。一个网络被认为是基座（PDN_1）而另一个则是干扰源（PDN_2）。

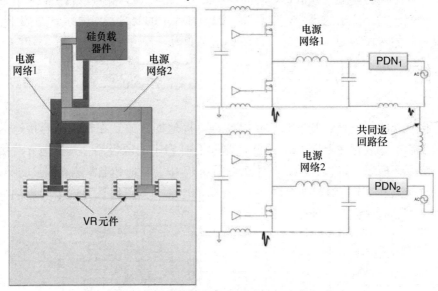

图 6.18　耦合的电源总线噪声的例子

如果返回的路径是分开的或它们之间有一些阻抗，则这可能有助于减轻（潜在的）一些噪声。然而，在大多数实际系统中，接地结构是共享的（见图 6.18），以提供网络之间耦合噪声的机会。相对于电压保护带，这种耦合的结果与 6.1.1 节保护带减小是一样的。问题是有多少？要回答这个问题，需要 PI 工程师开发一个该问题的工作模型，然后仿真该限制。如例 6.2 中，这个问题（再次）是相当复杂的，由于无法准确地模拟所有系统中这一切对噪声贡献的成分，故准确模拟面临挑战。此外，许多因素会引起噪声耦合，使得其很难隔离主要扰动函数。幸运的是，对于电压保护带，这里的目标是要确定一个问题的上限，然后判断影响是否显著。一旦确定了影响电压保护带的因素，便分配一个数到整体保护带，这个数最终被赋予不同的组，以确定硅在系统内工作时的性能、组合和可靠性⊖。

Hu 等人[9]开发了一个简单的方法，即利用一个传输线模型来估计谐振噪声。

⊖　此信息对板级和平台团队也是关键的，它们必须为一个系统提供由设计和市场团队定义的工作范围和规范。

此方法不能预测交叠平面之间的耦合，这不久将得到解决。此外，该模型似乎主要是为了确定与相邻源耦合的平面 EMI 噪声。然而，它确实给出了从噪声源到噪声受体相关电源总线的一个合理的估计。这个简单的方法在预测一个平面对到另一侧峰值噪声时是非常有用的，值得在这里重复和说明。

首先假设一个二维平面对表示为一个一维的传输线，如在本章参考文献 [9] 中讨论的。图 6.19 所示为一个电源平面对的噪声源在一端而测量点（在噪声测量位置）在另一端。

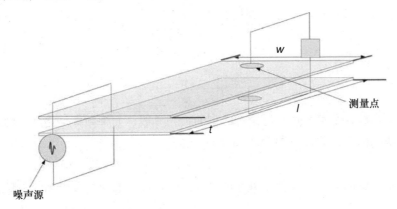

图 6.19　传输线估计的电源平面对表示

前几章主要涉及集总元件模型，因为它们简单且容易计算所需的结果。把平面对作为传输线对待，假定结构是分散的。图 6.19 中的平面现在可以表示为一个

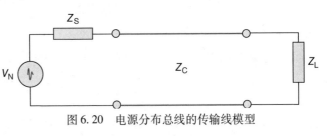

图 6.20　电源分布总线的传输线模型

传输线模型，如图 6.20 所示。因此，用这个简单的方法可以计算平面对一侧到另一侧的噪声。

由传输线理论，它很容易在源和受体之间构建一个耦合的 S 参数公式（S_{21}）。一个 S 参数实际是在频域的一端或两端口网络的一个传输函数。在这种情况下，S_{21} 参数是输出与输入电压的增益比，或

$$S_{21} = \frac{V_{\mathrm{out}}}{V_{\mathrm{in}}} \tag{6.10}$$

该模型假定传输线是有损的，但该模型也可用于无损系统。在平面结构的两个点之间的 S_{21} 参数方程为

$$S_{21} = \cfrac{2}{e^{\gamma l} + e^{-\gamma l} + \left(\cfrac{e^{\gamma l} - e^{-\gamma l}}{2}\right)\left(\cfrac{Z_C}{Z_0} + \cfrac{Z_0}{Z_C}\right)} \qquad (6.11)$$

式中 Z_C——PDN 的特征阻抗（在这种情况下，只是平面）；

图 6.20 中，Z_L 为负载的阻抗；Z_S 为噪声电压源的源阻抗。

这里的阻抗 Z_0 是在系统中测量装置的阻抗，假定为 50Ω，对许多测量装置，如矢量网络分析仪是常见的。式（6.11）的大多参数在第 3 章中讨论波的方程时已遇到过。参数 γ 与传播常数相关（有时定义为 β）

$$\gamma = \alpha + j\beta \qquad (6.12)$$

β 与波长有关

$$\beta = \frac{2\pi}{\lambda} \qquad (6.13)$$

衰减常数 α 是第 3 章中讨论过的铜的损耗参数。如果频率足够高，则会看到铜和介质的损耗，因此 α 与两者都相关

$$\alpha = \alpha_c + \alpha_d \qquad (6.14)$$

对于这里的分析，认为介电损耗可以忽略不计，因此只考虑铜的损耗。铜损耗采用

$$\alpha_c = \frac{R_S}{wZ_C} \qquad (6.15)$$

式中 R_S——平面的表面电阻。

表面电阻是由材料[19]趋肤深度的知识确定的

$$R_S = \sqrt{\frac{\omega\mu}{2\sigma}} \qquad (6.16)$$

这实际上直接与结构表面阻抗有关，在这种情况下表面电阻是方程的实部。Hu 等人[9]指出，如果关注谐振峰值，那么式（6.11）简化为以下关系：

$$S_{21} = \cfrac{2}{2 + \left(\cfrac{Z_0}{Z_C}\right)\alpha_c l} \qquad (6.17)$$

对低于 1GHz 的频率，以及相对较小的 PCB 平面（相对于波长），可以看出在式（6.17）产生合理的近似关系。现在 S_{21} 值可以转换，以确定从源 V_S 的电压噪声耦合作为我们最初的目标。下面的例子说明了该方法的使用。

例 6.3 在系统中使用上述传输线方法估算耦合噪声。表 6.5 列出平面结构的参数。使用图 6.19 中的尺寸，并假定测量点近似平面对的长度。画出频率函数的 S_{21} 参数曲线。

表 6.5 计算 S_{21} 的参数

变量	值
w	10mm
t	50μm
l	20mm
ε_r	4.2
Z_0	50

解 第一步是计算结构的特征阻抗，用第 3 章式（3.111）再次计算电感。

根据传输线理论，从结构的电容和电感知识计算特征阻抗。幸运的是，一旦已知几何形状的结构，第一原理公式会给出合理的估计。其结果将是一个集总的值。然而，再回顾一下传输线阻抗由结构单位长度的参数确定[18]

$$Z_C = \sqrt{\frac{L}{C}} \tag{6.18}$$

由结构尺寸计算电容和电感，这种方法可以直接计算阻抗。在例 6.2 中使用相同的电感公式，它只需显示电感的结果，而电容的计算如下：

$$C = \frac{\varepsilon_r \varepsilon_0 A}{d} = \frac{4.2 \times 8.854 \times 10^{-12} \times 20 \times 10^{-3} \times 10 \times 10^{-3}}{0.05 \times 10^{-3}} \approx 300 \text{pF} \tag{6.19}$$

电感 L 约为 0.63nH。因此，特征阻抗为

$$Z_C = \sqrt{\frac{L}{C}} = \sqrt{\frac{64 \times 10^{-12}}{300 \times 10^{-12}}} \approx 0.46\Omega \tag{6.20}$$

现在，将 α_c 和 R_S 代入式（6.17）得到

$$S_{21} = \frac{2}{2 + \left(\dfrac{Z_0}{Z_C}\right)\alpha_c l} = \frac{2}{2 + \left(\dfrac{Z_0}{Z_C^2}\right)R_S l w} = \frac{2}{2 + \left(\dfrac{Z_0}{Z_C^2}\right)\sqrt{\dfrac{\omega\mu}{2\sigma}} l w} \tag{6.21}$$

然后可以在关注的频率范围绘制所得到的函数，以确定在每个频率的噪声幅度。

如 Hu 等人指出的[9]，式（6.21）给出了一个简单的公式说明 S_{21} 参数在关注的频率范围的包络。图 6.21 所示为 1MHz ~ 1GHz 的比率。在较低频率的噪声耦合是相当大的（如所预期的），因此，需要确保 PDN 在这个频率范

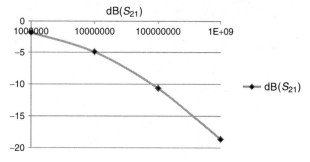

图 6.21 在例 6.2 中以分贝表示的 S_{21} 曲线

围内用高质量的电容滤除该噪声，而噪声不影响保护带的余量。显然，如图6.21 所示，随着频率的增加，噪声会因平面的衰减而减小，这表明电压保护带超过一定的频率不再是一个问题。根据定义，电压保护带是低频至 DC 的问题，所以当频率较低时，保护带噪声将得到解决。这个例子是有指导性的，因为它表明噪声可以从一个 PDN 的一边耦合到另一边，而没有增加滤波和减小保护带的能力，显著的噪声会耦合到负载或系统的其他部分。

观察噪声如何耦合到一个平面对，分析噪声如何从一对平面耦合到另一对是问题的下一步。Feng 等人[16]利用分割方法显示平面之间噪声耦合如何交叠，如图 6.18 所示。该方法还采用空腔模型创建用于阻抗的解析表达式，映射到用于计算的 Z 矩阵。Okoshi[20]提出的分割方法是一种分析微波网络电源分布的方法。Feng 利用这种方法的目的是简化复杂的平面几何形状的分析，以帮助设计者在多电源平面结构分析噪声耦合。现在用这种方法讨论电源平面耦合。

图 6.22 所示为一个平面和两个电源平面对交叠结构的侧视图。目的是以简单的单个端口结构分析这些平面对。端口连接它们，使得每个阻抗相互隔离。随着阻抗的隔离，它们可以通过使用一个腔体模型独立分析（或另一个模型，根据所要求的精度），然后解决最后的电压矩阵。

在图 6.22 中，左侧显示电源接地平面对外部端口 A 和 B 的平面图和剖面图，这个分析假设平面完全交叠。在文献中明显看出没有必要采用这种方法工作。平面基本上是折叠的，然后与内部端口 C 和 D 重新连接，如图 6.22 右边所示。

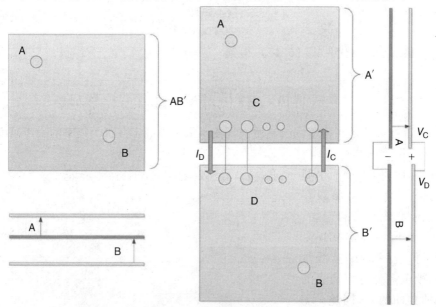

图 6.22　说明分割方法的电源平面对

两个平面对部分 A′和 B′间具有电压和电流。如图 6.22 所示，有 A′、B′和 AB′。接下来，将 Z 矩阵分解为子矩阵 $Z_{A'}$、$Z_{B'}$ 和 $Z_{AB'}$。正如 Feng 指出的，它是可以以多种方式计算的 Z 矩阵。复合矩阵 $Z_{AB'}$ 可以通过应用端口之间的互连计算。新的矩阵 $Z_{A'}$ 和 $Z_{B'}$ 被分解成由内部和外部端口连接的子矩阵。

在外部和内部端口的电压和电流为

$$Z_{A'} = \begin{bmatrix} Z_{AA} & Z_{AC} \\ Z_{CA} & Z_{CC} \end{bmatrix}, \; Z_{B'} = \begin{bmatrix} Z_{BB} & Z_{BD} \\ Z_{DB} & Z_{DD} \end{bmatrix} \tag{6.22}$$

$$\begin{bmatrix} V_A \\ V_C \end{bmatrix} = Z_{A'} \begin{bmatrix} I_A \\ I_C \end{bmatrix}, \; \begin{bmatrix} V_B \\ V_D \end{bmatrix} = Z_{B'} \begin{bmatrix} I_B \\ I_D \end{bmatrix} \tag{6.23}$$

注意，在内部端口的电压和电流有以下关系：

$$V_C = V_D, \; I_C = -I_D \tag{6.24}$$

然后替换电压和电流而从子矩阵得到下面的矩阵方程：

$$\begin{bmatrix} V_A \\ V_B \end{bmatrix} = \begin{bmatrix} Z_{AA} - Z_{AC}YZ_{CA} & Z_{AC}YZ_{BD} \\ Z_{BD}YZ_{CA} & Z_{BB} - Z_{BD}YZ_{BD} \end{bmatrix} \begin{bmatrix} I_A \\ I_B \end{bmatrix} \tag{6.25}$$

如果 A = C 而 B = D，则式（6.22）的主对角线的阻抗是端口之间的自阻抗。对角线阻抗是端口之间的传输阻抗。传输阻抗是一个端口的电压与另一个端口电流的比值。例如，传输阻抗 Z_{AC} 表示为

$$Z_{AC} = \frac{V_A}{I_C} \tag{6.26}$$

一旦计算出阻抗，工程师便可以确定从一个系统到另一个系统的电压耦合。如果腔体模型是用来解决这些阻抗，则有必要假定频率足够高，以致在平面很好的形成一个趋肤效应（如在第 3 章讨论的）。通过腔体模型计算阻抗超出了本书的范围。然而，在本章参考文献［21］中给读者提供了一个很好的参考资料，它使用一个解析的形式计算这些阻抗。与任何方法一样，必须考虑模型的局限性以确保方法适用于要解决的问题。此外，对关注的频率范围进行假设，以确保合理准确的结果 ⊖。

6.2.3　同步开关噪声

同步开关噪声，或 SSN 是在许多学科中关于电路板、电源总线和硅级上电磁行为的一个重要的研究内容。该话题源自 PI 问题中广泛讨论的串扰和噪声，对芯片上或在一个硅器件中一个高性能 IO 结构的接收器和驱动器是至关重要的［22］。

⊖　如果 PI 工程师使用一个 LC 电路模型，则谨慎采用集总元件假设是很关键的。这是因为集总模型没有考虑到对频率的依赖性。在这种情况下如果需要更高级别的精度，则工程师应使用一个方法来计算矩阵。

SSN 通常是在硅器件中由大的扰动或负载引起的，导致从开关器件沿一个电感互连的地反弹，同时导致比较大的电流，表现为对器件主接地电压的一个高频电压偏移。图 6.23 比文字能更清楚地显示这种电反弹。在图 6.23 中，一组器件在同一时刻或在几乎相同的时间开关，这样它们的电流在同一个电学连接处同时增加。电流通过位于这些器件阻抗最低的路径汇集，而在这一点发生一个比较大的瞬时电压漂移。电压降引起电学信号相对地的电位移动，从而导致时序失真。这种转变的结果是信号保真度受到损害，因而存在数据损坏的可能性。

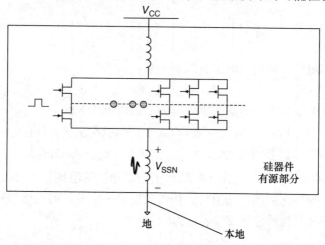

图 6.23　SSN 效应示意图

　　PI 的问题是与信号完整性相关的，因为一个 SSN 电压漂移的地反弹会影响到硅负载的电源传输质量。然而，这个问题不仅仅是一个高频问题，因为接地反弹噪声通常被认为是局部现象，在它到达的电压调节器和大部分的 PDN 网络前就被过滤掉（由于电流非常高的频率特性）。SSN 通常在信号转换边缘发生，通常是在 100ps，或频域中的 5~10GHz 范围，肯定超出了大部分 PDN 的带宽。在多个周期出现多次对地的变化后，它会表现为一个调节器正常对地的变化。这就是如何将调节器远处的检测连线连接到接近负载的地面和电压平面。在这些检测连线中有一个滤波器屏蔽这些高频噪声。然而，本地接地和整体接地不再是相同的。可能会导致这个问题的是一组信号在电压平面基准或地面平面基准的一个返回路径的不连续（RPD）[22]。一个 RPD 也可以出现在 PDN 返回路径。其结果是一个阻抗在 VR 源和硅负载之间形成一个电势差。这个偏移导致相对逻辑的电压和接地基准的错误表示，而提供的电压低于或高于预期。对于工作在平台级 PI 工程师的 SSN 问题，为减轻这个噪声能做的很少，几乎完全是一个本地硅器件问题，而常常对于 PI 工程师，以及封装和系统的硅集成设计师，有单独的责任可以使 PI 工程师不再面对 SSN 问题。这就是为什么在实验室发现噪声和/或性能问题时，工程师应该一起合作找到问题的原因。

6.3　电源降噪技术

到目前为止本章讨论了噪声的产生以及它如何影响电压保护带和电源传输质量的其他方面，而现在考虑如何减轻噪声问题。当噪声耦合到一个 PDN 时，有两种选择，即固定噪声的根本原因或减少噪声到一个可接受的水平，后者是解决问题的一个权宜之计。提供一个高质量的解决方案对一个团队来说是一个经典的两难问题。选择方案是时间、资源、成本以及解决方案效率的函数。因此，将首先探讨常见类型的噪声，然后尝试使用降低噪声的一些基本技术。PI 工程师对可以做什么也存在一定的局限性，因为区域产生和耦合的噪声往往超出其范围和控制。虽然有时问题可能不在 PI 工程师的管辖权范围内，但解决方案可能是存在的。

第一步是检查噪声在哪里出现以及问题所在。参考第 6.2 节，在系统中有许多可能的噪声源情况，噪声通常来源于电压调节器。VR 开关噪声通过良好的布局技术（如第 6.2.1 节所示）或通过更好的 VR 设计（如用一个软开关设计的拓扑结构变化）来减小。另一种减少 VR 噪声的方法是增加 VR 的去耦。例 6.2 通过将一个电容放置在非常接近开关的位置来说明。另一个问题可能是通过降低开关开启时的速率而改变开关噪声的频谱。虽然这种方法可能会增加 VR 损耗，但这对许多可以接受这种权衡的系统来说是有用的。PI 工程师有时获得表中的每一选项是必要的。最后，它可能通过在分布路径的某一点向 PDN 添加电容来减少噪声。图 6.24 所示为这种方法。在 PDN 一边靠近电源转换器添加的 HF 电容限制了一些噪声耦合到 PDN。

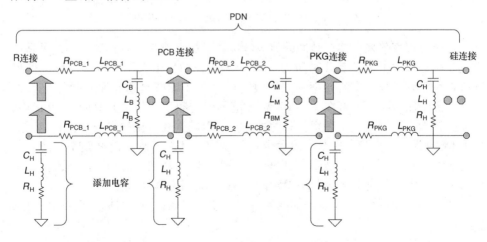

图 6.24　在 LF 区域添加高频电容的 PDN 分布

如在第 4 章中所讨论的，PDN 是一个分布式的网络，可以分成低频体、中频和高频电容。通常，高频电容放置在最接近负载处，因为这里是最需要的位置。然而，它也可以放在接近 VR 以排除通过 VR 开关产生的噪声。增加这个电容的影响可以在图 6.25 和图 6.26 所示的 PDN 阻抗频率响应中看到。

在图 6.25 中，观察到的谐振在 3.5～85MHz 的范围。第一个谐振会接近一个在 1～3MHz 范围开关的转换器频率。第二个在 FET 开关时开/关上升和下降时间边沿速率的带宽内。这个边缘速率的近似频谱可以简单表示为[23]

$$\omega = \frac{\pi}{t_r}, \quad f = \frac{1}{t_r} \tag{6.27}$$

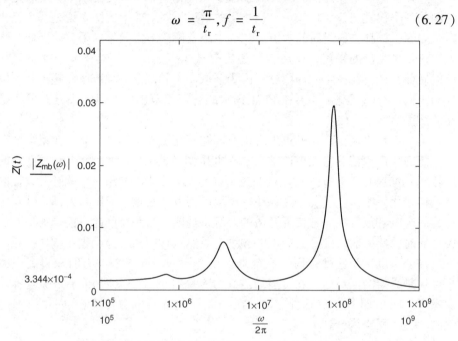

图 6.25　无 HF 电容的 PDN 阻抗的 Mathcad 曲线

这个方程直接来自梯形脉冲的傅里叶级数，如在第 5 章看到的，其结果是一个正弦函数。这里定义上升时间为从 0～100%，相当于采用时域梯形脉冲傅里叶级数后正弦函数的中心频率。如果假定功率 FET 能够迅速导通，并与图 6.25 中所示的谐振一致，那么在 50～100MHz 范围内的频率将使上升时间在 10ns 内，任何振铃噪声将接近这个频率。有两种方法可以减少在谐振的噪声，首先，减少在 PDN 的谐振，使在这些点上的噪声电压衰减；其次，改变谐振频率，使它们不与 VR 的开关一致，例如，FET 的开关频率与 PDN 阻抗谐振不一致。从图 6.26 可以看出，谐振已经从图 6.25 中的谐振降低并且频率发生偏移。

如图 6.24 所示，在节点添加电容可以有效地完成我们的目标⊖。但是注意只

⊖　在每个区域添加的电容实际是一些高质量的 MLCC（约 5），具有相对低的 ESL。电容值并不重要，但电感值很重要。

添加了高频电容，不同的是电容的质量。添加的电容的寄生效应显得更小，从而有效地降低了这些峰值并使它们移动。在 85MHz 的峰值上移至约 150MHz，然后衰减大约一半的值。3MHz 谐振也减少并移到约 6MHz。如果产生的噪声发生在 70MHz 左右，则噪声会通过在 PDN 路径增加一组高频电容减少至少 4 倍。另一个要着重指出的是到 PDN 节点最接近 VR 的电容形成返回到返回路径的一个分流路径，这也将使振铃电流引导而回到源，降低耦合到硅所在的 PDN。

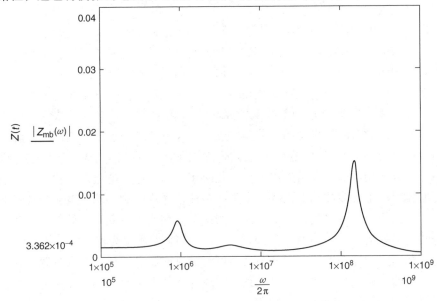

图 6.26　添加 HF 电容后 PDN 的 Mathcad 曲线

　　虽然这可能不会是降低噪声最有效的方法，但总体上可能是最有效的，假设增加到 PCB 的电容比改变 VR 设计更容易，且在 PI 工程师的职责范围内。

6.4　电源完整性的 EMI 考虑

　　虽然 EMC（电磁兼容）不在 PI 工程师的关注范围，但兼容性方面仍需要考虑。几乎所有销售的计算机系统都必须符合一定的电磁辐射的要求（如 FCC A 类或 B 类）。因此，在机箱、电路板和硅芯片产生的噪声以一种或另一种方式影响所有的设计师。使 PI 工程师了解 PDN 和电源交付的设计、布局和交互如何维护是很重要的，或者说不破坏平台认证过程。

　　大多数小型计算机系统，如笔记本电脑，都必须符合 FCC 规定的 B 类的室内环境。对于较大的系统，如服务器，它们必须符合 A 类要求。一些适用于非住宅/室内环境产品也可用于住宅，但是这些产品可能产生更多的噪声，用户可能需要注意的这些干扰是否足够低，以便它不影响其他设备。在一个腔体或一个OATS（测试位置的开放区域）测量的噪声要用 dB 表示。测量单位是电场或磁场。因此，对于电场，相对噪声测量将是一个比值。这个比值是相对于一个给定的本底噪声，或为 FCC 标准 $1\mu V$。因此，如果从一个噪声源测量的噪声是 1mV，则以 dB 表示的噪声为

$$噪声分贝 = 20\log\frac{1\times10^{-3}}{1\times10^{-6}} = 60dB \tag{6.28}$$

EMC 工程师测量采用 dB，因为大部分的规则是由这些术语定义的。

系统级 EMC 有两种类型，即辐射和传导。Paul[18] 讨论了这两种类型，并建议读者参阅这个文献以得到一个很好的概述。传导发射比辐射简单，测量是在电源线上进行的，通过将电流探头绕在线上，然后在这一点上获取传导的噪声。图6.27 所示为噪声如何通过电源线从电路板和机箱移出。噪声可以从任何产生共模或差模电流的有源器件开始。共模电流沿一个相同方向路径（通常）远离源。此路径可以由一个电源/接地平面对或简单的两个平行导体构成。差模电流以大小相等、方向相反的方向沿导体流动。相对于 EMI，这些电流之间的主要区别是共模电流会产生更多的辐射，在一个系统中往往很难限制。两个电流是从某些类型的源产生的，源可以是印制电路板上的一个周期或不定期开关的器件。违反噪声源的大多数情况是高频时钟、高速 IO、高性能计算设备和电源转换器。如果设备接地回路设计得不好，则开关噪声可能穿过印制电路板并进入电源。如果不采用合适的滤波，则噪声可以进入到电源线并辐射到空间。然而，对传导发射的频率限制相当低（30MHz），因此，超出这个频率更关键的发射将是辐射的类型。在某些情况下，需要添加一个滤波器（如一个共模扼流圈）来减少这些辐射到一个可接受的水平。滤波器吸收关注的频率下传导的能量，从而降低电磁噪声到一个可接受的水平。

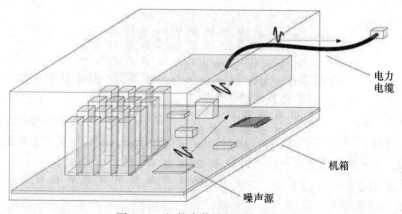

图6.27 机箱中传导的噪声路径

辐射发射更加复杂，因为从机箱和 PCB 辐射的噪声有许多不同的方式。此外，规定的带宽是高于传导发射的。如今，由于与 RF 通信间可能的干扰，EMI 在许多系统中必须保持最小，以确保无线电波（以及数据）传输通过空间的完整性。这种噪声的测量通常是在一个腔体中，DUT（被测器件）或源位于该腔体的一部分中进行，而天线或接收器位于一个给定的距离（取决于腔体，可能是 1~3m）。腔体与外部噪声源隔离并校准到一个先前定义的本底噪声。测量设备通常是一个频谱分析仪（SA），通过一个限定的带宽窗口测量发射的噪声。图 6.28 显示了从一个特定机箱/DUT 确定辐射的一个典型的测量。在一个给定带宽的噪声限制将是不同的，这取决于噪声是共模还是差模。

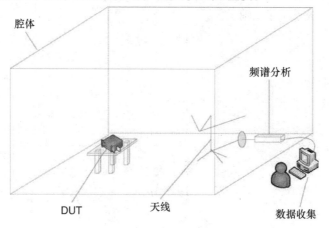

图 6.28　辐射测量设置举例

在 50MHz 时 FCC A 类和 B 类的规定见表 6.6 和表 6.7[27]。从一个 DUT 的场辐射是复杂的，而辐射电场和磁场是球形的。虽然 EMC 工程师将直接从封闭的机箱测量结果，但测量也可以在一个开放环境中的 PCB 中进行。通常，EMC 工程师将探测板子的部分来确定噪声是来自哪儿以及是什么原因造成的。在远场辐射噪声随 $1/r$ 变化，其中 r 是从起点到测量点的场半径，在这种情况下是 DUT 或板子。近场磁场和电场的幅值大小分别随 $1/r^2$ 和 $1/r^3$ 变化。例如对于一个偶极子近场和远场之间的区别是当场的波长是半径的 1/6 时，即

$$r = \frac{\lambda}{2\pi} \approx \frac{1}{6} \tag{6.29}$$

表 6.6　在 50MHz 时 FCC 类型限制，A 类和 B 类

规范	范围	距离
FCC A 类	$90\mu V/m$	10m
FCC B 类	$100\mu V/m$	3m

表 6.7　典型的 PDN 相关问题造成潜在的 EMI 噪声

噪声源
信号通过通孔连接到电源总线
电源平面的不连续性
接地或电源平面电感的路由
去耦电容差的放置或差的选择
通过连接器或硅通孔的电源/接地连接差的路由
相对于 PDN 地本地和/或全局系统接地点差的选择

此外，估计板子噪声的一个粗略方法是将源表示为一个电偶极子。如图 6.29 所示，偶极子位于 z 轴。

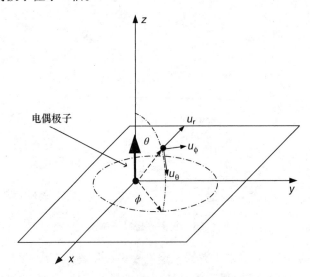

图 6.29　在球面坐标系中的电偶极子

偶极子被用来代表在一个 PCB 板的源输送电流，例如具有电流的电源平面。因为这里关注的是在相对于辐射发射更高的频率，讨论将限制在 200MHz 以上。低于这个频率，EMI 工程师可以依靠良好的机箱设计屏蔽由于较大的波长引起的噪声。

对一个在远场的电偶极子的电场和磁场参考如下：

$$E_{FF} = j\eta_0\beta_0 \frac{\hat{I}l}{4\pi}\sin\theta \frac{e^{j\beta_0 r}}{r} u_\theta \tag{6.30}$$

$$H_{FF} = j\beta_0 \frac{\hat{I}l}{4\pi}\sin\theta \frac{e^{j\beta_0 r}}{r} u_\varphi \tag{6.31}$$

磁偶极子或电流回路方程见本章参考文献［18］。这里，式（6.31）和式（6.32）中的项如下：β_0 是真空的本征阻抗，电流矢量 I 是在 z 方向偶极子的源电流，而 l 是偶极子的长度。注意在远场的矢量方向，电场和磁场是相互正交的（如预期的那样）。该场基本上是这一点平面波在空气中的传播。使用这些方程来近似来自 PCB 的噪声，结果是简化的。例如，如果在板子表面有一个电源/接地平面对指向 z 方向，其中的电流是严格的差模形式，则电场的幅度大小为

$$| E_{FF} | \approx 1.316 \times 10^{-14} \frac{| \hat{I} | f^2 ls}{d} \tag{6.32}$$

式中　s——平面的间隔（中心到中心）；

d——从中心到测量点的距离（如天线）。

这是由 Paul 给出的结果[18]。另一个例子为假设在一个 3m 的腔体内的 PCB 表面有一个 5cm 的 PDN 条，在 400MHz 下的差模电流有 30mA，距离间隔为 5mm，期望的电场强度为

$$| E_{FF} | \approx 1.316 \times 10^{-14} \frac{(30 \times 10^{-3})^2 (400 \times 10^6)^2 \times 5 \times 10^{-2} \times 5 \times 10^{-3}}{3} \approx 160 \mu V$$

$$\tag{6.33}$$

约 44dB。注意，必须进行一些假设确保这个合理的结果，即相对其他尺寸，平面的宽度必须较小（s 和 d），而在关注频率的电流是均匀的，在大多数情况下这是一个合理的假设。如前所述，在某些情况下 PI 工程师要确定噪声是从哪儿来的，这时 EMC 工程师可进行近场测量。当然，这些测量结果是可能的，只要板子设计基本完成而最终的设计是在事实之后。有时测量是根据 PI 工程师提出的要求，了解 PDN 的布局和设计是否产生了过大的辐射。虽然 PI 工程师的 PDN 可能不是系统生成噪声的来源，但至关重要的是，对于电源分布布局和整个系统的供电决策不会限制 EMC 工程师确保对系统的认证。这意味着，不仅 PI 工程师要实现系统满意的 PDN，同时也不能产生额外的噪声，或允许这个噪声不必要在平面和 PCB 走线上传播。

在平面和 PDN 设计中有许多可以导致发射的机制。对每一个细节的讨论都将超出本书的范围，但对一些更常见机制的一个简短的描述是必要的。许多这样的问题对工程师来说似乎是一个常识性的问题，但当布局和系统约束来临时，基本的噪声抑制策略能把看似紧迫的问题置于次要的地位。因此，如果工程师不警惕的话，那么一定程度的了解会发生什么是一个好主意。引起噪声的一些原因见表 6.7。

通常信号通过通孔到达一个电源总线，由于路由约束，信号必须路由通过一个安静的电源总线。然而，这给噪声耦合到平面提供了一个机会，特别是信号有噪声时，如高速 IO 或时钟[28]。特别是当同一信号迂回通过平面从一层到下一层以拼接的方式从一边到另一边时。

（1）电源平面的不连续性　这是类似于上面的信号通过问题，但更普遍。

这主要是围绕电源平面有不连续的分布，例如在区域的突然缩窄，跨平面的电容桥接以及沿 PDN 大的没有电容的区域。这里的主要问题是不连续性会产生共模电流，可在一个系统中产生明显的 EMI。

（2）接地和/或电源平面电感路由　如果电源平面必须路由通过多个区域，则会出现另一个问题，如一个信号走线。如果噪声和它们耦合，则会导致潜在的大电感会与信号噪声产生谐振。像往常一样，最好是尽量减少这样的布局问题，以帮助减轻系统级 EMI。

（3）去耦电容放置或选择不当　取决于系统中噪声的频率，电容不正确放置（如大电感连接到平面或相对远离电源/接地平面放置）也可加重噪声问题。这是很常见的，因为布图工程师和 PI 工程师可能无法在适当的时间（或根本没有）完全参与。此外，如果没有给布图工程师特别说明，则对一部分分布网络很容易放错电容的类型。

（4）通过连接器或硅器件插座的电源/接地连接的不当路由　此问题大多发生在封装设计师在封装中没有足够的电源/接地连接或由于其他约束那些连接的放置没有优化。其结果是在路由的不连续性，这反过来又导致噪声耦合到平面并产生平台级的 EMI 噪声。

（5）相对于 PDN 的本地和/或整体系统接地点差的选择　在一个 PCB 接地到一个机箱问题上有两个学派的思想，即在一个单点的本地接地，或整体的接地。对 PI 工程师来说，为了保持接地回路邻近它们的源，至关重要的是 PDN 接地对硅和电源转换器来说是本地的。当板子接地时，不管它是本地的或整体的，PI 工程师应确保 PDN 接地参考具有低阻抗的本地回路，并且没有相当大的阻抗，在任何特定点返回到机箱和板子的接地。

当考虑 EMI 时，为了确保在开始而不是结束时减轻噪声，从设计开始阶段保持适当的做法，对 PI 工程师来说是个好主意。因此，在开发阶段建立与 EMC 工程师的合作可以有助于消除许多早期的 EMI 问题。

6.5　系统测量中的电源完整性 PDN

在前面的章节中看到，频域和时域是可以衡量一个 PDN 质量的两个方法。两者对电源传输效果的评价是有价值的。在第 5 章中讨论了在时域分析中的电压下降。测量电压下降是 PI 工程师通常评价 PDN 效果的方式，而这是由插入动态负载到插座来完成的（或代替实际的硅器件），然后简单地测量在 PDN 的一个阶跃响应结果。一旦系统开发出来，就很难进行频域测量。PI 工程师应该在电路板组装前进行这些测量。然而，这些数据将只给出平面的阻抗，所以测量的值是有限的，因为大部分的低频行为是由于在 PDN 电容引起的。另一种方法是通过使用时域技术[29]执行依赖于频率的测量。这实质上是用硅（或硅的位置替代负载）开关将负载电流以一定的方式构成一个脉冲响应，允许在数据上运行一个 FFT（快速傅里叶变换）以产生一个阻抗分布。图 6.30 所示为一个简单的可用于运行该测试的设置。

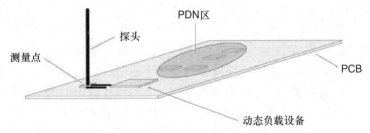

图 6.30　PDN 测量设置举例

在图 6.30 中，PDN 端是一个具有代表性的动态负载，表示在时域的脉冲响应。接近负载的采集信号示波器探头的带宽高达 3GHz。基于变化时钟频率的电流负载的一组重复步骤，示波器将捕获到电压波形。目的是计算函数 $Z(f)$ 并与仿真结果比较。如在本章参考文献 [30] 所讨论的，从电压波形计算开始，这是一个传递函数和电流函数的卷积 $i(t)$。两个函数都由一个傅里叶变换表示

$$v(t) = \int_{-\infty}^{\infty} h(\tau) i(t - \tau) \mathrm{d}\tau = \int_{-\infty}^{\infty} H(\omega) I(\omega) \mathrm{e}^{\mathrm{j}\omega t} \mathrm{d}\omega \qquad (6.34)$$

要确定函数 $Z(f)$，或该函数的大小，用测量的信号 $v(t)$ 计算它们之间的关系。如果假定电流脉冲是一个脉冲或狄拉克函数，则得到的电流函数变为

$$i(t) = \delta(t) = \int_{-\infty}^{\infty} I(\omega) \mathrm{e}^{\mathrm{j}\omega t} \mathrm{d}\omega \qquad (6.35)$$

由于狄拉克函数在频域是恒定的，故传递函数通过变换得到 $v(t)$

$$v(t) = \int_{-\infty}^{\infty} H(\omega) \mathrm{e}^{\mathrm{j}\omega t} \mathrm{d}\omega = h(t) \qquad (6.36)$$

给出了最终的函数

$$H(\omega) = Z(\omega) \approx Z_k = \sum_{n=0}^{N-1} v_n \mathrm{e}^{-n(\mathrm{j}2\pi k)/N} \qquad (6.37)$$

解是电压测量函数所期望的 FFT。下一步是验证数据与仿真的结构匹配。为了确保电流函数是一个狄拉克函数，负载设置的运行在不同的时钟频率来创建一个合理的电流频谱，表示从 1MHz ~ 1GHz 宽的频谱[31]。在本章最后列出的参考文献中讨论了这个方法的一些变化。要求工程师构建替代一个实际的器件负载单元，负载单元是一个包含有源 FET 的可编程器件，可在特定的速率和时间控制的电流下转换。这种方法的优点是负载单元是专为检查 PDN 效果为目的，而不是一个实际的器件。如果器件没有焊接到板上并插入插座，则将负载单元插入到实际 PCB 插座并用于表征在实际系统中的 PDN。负载单元的缺点是很难将负载

像高性能的硅器件那样在相同的频率下进行转换，因此它的带宽是有限的。然而，好处是一旦测量完成，就会生成时域和频域数据。所以不仅能够得到 PDN 的阻抗，同时在负载得到一个给定 di/dt 的时域的下降。

6.6　小结

本章重点讨论影响 PI 的系统考虑因素。虽然 PI 通常局限于系统中的 PDN，但系统级的问题要解决，以确保一个高质量的平台设计。首先介绍了负载线，说明在一些电源传输系统中，一个负载线如何在工作电压范围的高端和低端提供更大的裕度。一个好的负载线将保证在整个负载范围内的硅器件的可靠性和性能。负载线导致了电压保护带以及在系统中使用保护带对保证性能的重要性。电压保护带可以有多个来源累积，包括硅的工艺和电压调节控制器的设计制造。保护带有助于高性能硅器件电源传输效能。系统级噪声问题是接下来要考虑的。对不同类型的噪声进行讨论，不仅在 PDN 也在系统中其他平面和信号上。观察到自发的噪声是通过电压调节器或负载以及从其他来源耦合到 PDN 的，如来自 IO 的 SSN。额外的噪声源可能会导致在负载的保护带丢失，因此必须从一开始在设计阶段进行处理。然后讨论如何使用额外的高频电容滤波及在硅器件和电容附近紧密地环路布局解决噪声。最后讨论了在平面不同噪声机理建模的方法，其中之一是分割方法。

尽管 EMI 通常不是 PI 工程师关注的焦点，但它仍然是的 PDN 设计和电源传输的一个重要方面。因此，讨论了 EMI 如何从一个系统产生辐射，以及共模和/或差模电流如何导致 EMI 问题。关于 EMC，确保产品符合标准是 PI 工程师的一个重要的责任。在设计好 PND 后，对一些 PDN 测量技术进行了说明。在确定网络的质量时，频域和时域测量证明是有用的。一个脉冲响应被用来收集系统中与频率相关的数据，这是了解谐振发生的地方以及在 PDN 中哪里衰减会主导的好方法，特别是当设计师重新计划 PCB 布局以提高 PDN 为目的时。

习　题

6.1　PI 工程师确定一个器件的最小工作电压为 0.8V。当 V_{max} 在零负载时为 1.2V，而 I_{max} 最大为 65A，确定其负载线。如果负载线误差为 ±10% 而初始电压保护带为 50mV，那么新的保护带是多少？

6.2　对表 6.2 中的值，用 3σ 方差计算 TOB。假设每个值都翻倍，这时 TOB 是多少？

6.3　用传输线的方法，确定在例子中宽度增加一倍时的噪声耦合。

6.4　假设平面的长度为 10cm，间隔为 2mm，在 550MHz 从一个差模噪声源估算电场噪声（6.4 节）。噪声有多少 dB？

参 考 文 献

1. Koertzen, H. W. Impact of die sensing on CPU power delivery. *APEC*, 2003.

2. Gupta, V., and Rincon-Mora, G. A. Predicting and designing for the impact of process variations and mismatch on the trim range and yield of bandgap references. *MWSCAS*, 2002.

3. Eirea, G., and Sanders, S. R. High precision load current sensing using on-line calibration of trace resistance. *IEEE PESC*, 2006.

4. Waizman, A., and Chung, C.-Y. Extended adaptive voltage positioning (EAVP). *IEEE EPEP*, 2000.

5. Waizman, A., and Chung, C.-Y. Resonant free power network desing using extended adaptive voltage positioning (EAVP) Methodology. *IEEE Trans. Advanced Packaging*, 2001.

6. Jeong, K., Kahng, A. B., and Samadi, K. Impact on guardband reduction on design outcomes: A quantitative approach. *IEEE Trans. Semiconductor Manufacturing*, 2009.

7. Cui, W., Fan, J., Ren, Y., Shi, H., Drewniak, J. L., DuBroff, R. E. DC power-bus noise isolation with power-plane segmentation. *IEEE Trans. Electromagnetic Compatibility*, 2003.

8. Cui, W., Fan, J., Shi, H., Drewniak, J. L. DC power-bus isolation with power islands. IEEE EMC Symp., 2001.

9. Hu, H., Hubing, T., and Van Doren, T. Estimation of printed circuit board bus noise at resonance using a simple transmission line model. IEEE EMC Symp., 2001.

10. Mao, J., Archambeault, B., Drewniak, J. L., Van Doren, T. P. Estimating DC power bus noise. IEEE EMC Symp., 2002.

11. Hubing, T., Chen, J., Drewniak, J. L., Van Doren, T., Ren, Y., Fan, J., DuBroff, R. E. Power-bus noise reduction using power islands in printed circuit board designs. IEEE EMC Symp., 1999.

12. Liu, Z. H., Li, E. P., See, K. Y., Liu, X. E. Study of power-bus noise isolation using SPICE compatible method. IEEE EMC Symp., 2005.

13. Hueting, J. E., Hijzen, E. A., Heringa, A., Ludikhuize, A. W., Zandt, M. A. A. Gate-drain charge analysis for switching in power trench MOSFET's. *IEEE Transactions on Electron Devices*, 2004.

14. Lopez, T., and Elferich, R. Accurate performance predictions of power MOSFETs in high switching frequency synchrounous buck converters for VRM. *IEEE PESC*, 2008.

15. Matoglu, E., Pham, N., Selli, G., Lai, M., Connor, S., Drewniak, J. L., Archambeault, B., Wang, D., Kuhn, D., Hashemi, R., De Araujo, D. N., Cases, M., Wilkie, B., Herrman, B., Patel, P. Voltage regulator module noise analysis for high-volume server applications. *IEEE EPEP*, 2005.

16. Feng, G., Selli, G., Chand, K., Lai, M., Xue, L., Drewniak, J. L., Archambeault, B. Analysis of noise coupling result from overlapping power areas within power delivery networks. *IEEE EMC Symposium*, 2006.

17. Knighten, J. L., Archambeault, B., Fan, J., Seilli, G., Xue, L., Conner, S., Drewniak, J. L. PDN design strategies III. Planes and materials—Are they important factors in power bus design? *IEEE EMC Society*, 2006.

18. Paul, C. R. Introduction to Electromagnetic Compatibility. Wiley, 1992.

19. Balanis, C. A. Advanced Engineering Electromagnetics. Wiley, 1989.

20. Okoshi, T., Uehara, Y., and Takeuchi, T. G. The segmentation method—An approach to the analysis of microwave planar circuits. *IEEE MTT Trans.*, 1976.

21. Wang, C., Mao, J., Selli, G., Luan, S., Zhang, L., Fan, J., Pommerenke, D. J., DuBroff, R. E., Drewniak, J. L. An efficient approach for power delivery network deisgn with closed-form expressions for parasitic interconnect inductances. *IEEE Trans. Advanced Packaging*, vol. 29, no. 2, 2005.

22. Swaminathan, M., Chung, D., Grivet-Talocia, S., Bharath, K., Laddha, V., Xie, J. Designing and modeling for power integrity. *IEEE Trans. Electromagnetic Compatibility*, vol. 52, no. 2, 2010.

23. Van Valkenburg, M. E. Network Analysis, 3rd ed. *PrenticeHall*, 1974.

24. Paul, C. R. Physical dimensions vs. electrical dimensions, and modeling for power integrity. *IEEE EMC Society Newsletter*, no. 230, 2011.

25. Shi, H., Sha, F., Drewniak, J. L., Van Doren, T. P., Hubing, T. H. An experimental procedure for characterizing interconnects to a DC power bus on a multilayer printed circuit board. *IEEE Trans. Electromagnetic Compatibility*, vol. 39, no. 4, 1997.

26. Hubing, T. H., Drewniak, J. L., Van Doren, T. P., Baudendistal, P., Power bus decoupling on multilayer printed circuit boards. *IEEE Trans. Electromagnetic Compatibility*, vol. 37, no. 2, 1995.

27. Ott, H. W. Electromagnetic Compatibility Engineering. Wiley, 2009.

28. Cui, W., Ye, X., Archambeault, B., White, D., Li, M., Drewniak, J. L. EMI resulting from signal via transitions through the DC power bus. *Electromagnetic Compatibility*: IEEE Int. Symp; 2000.

29. Waizman, A., Livshitz, M., Sotman, M. Integrated power supply frequency domain impedance meter (IFDIM). *IEEE EPEP*, 2004.

30. Since, H. J. H., Jalaluddin, B. Y. A., Yeong, O. A. Y. Study of high speed current excitation reverse engineering methodology using measured voltage and PDN impedance profile from a running microprocessor. *IEEE EPEP*, 2007.

31. Thirugnanam, R., Ha, D. S., Mak, T. M. On channel modeling for impulse-based communications over a microprocessor's power distribution network. IEEE ISPLC Symp., 2007.

第7章 硅电源分布与分析

随着硅工艺技术的进步以及多芯片集成到单个器件和封装中，现在认为在硅中电源传输路径的质量问题必须得到解决。随着电源接近实际负载，平台团队必须解决电源分布问题，当分布路径也是硅时更为关键。本章关注于硅的 PI，以及当电源到达或接近芯片时如何给负载提供高质量的电源。类似 PDN 平台，检查片上电源分布分析的问题。片上或硅连接是从封装上凸点或接触点到负载的电学路径。当分析 PDN 问题时，也需要讨论芯片上布局和路由约束。芯片上的分布以及分布如何路由到负载，对 PI 是关键的，因为这些路径决定了大多数电源传输的质量。此外，将对关注封装控制和电源控制技术（开关功率 FET 等）的基本片上和封装的电源转换进行讨论。还有其他内部的方法，如线性调节和开关电容技术，参见第 2 章。随着电压调节接近负载，对 VR 的不同的要求必须考虑，包括在片上或离片的开发用于短路径和去耦策略的一个新 PDN。

因为微米和亚微米级的路由层，在硅上有成千上万的信号路由，随着每个硅路由层连接到实际的晶体管而使问题变得更加复杂。因此，在本章中很多的讨论是 PI 工程师关于这种类型电源传输的路由的限制和问题。其次是片上的去耦，其中的关键是提供高质量的电源负载。不止一种的去耦用于硅级 PDN 和负载附近，这里对突出的类型进行描述。最后包括的是一个涉及开关转换器的硅电源转换的讨论，以及对未来可能会带来转换类型的 PI 问题的影响。这个讨论是基于这样一个预期，即硅降压式调节最终将成为一个生产技术的预期，因此，本章中讨论的概念将适用。

随着器件变得更加高度集成，特别是对 SoC（片上系统）的商业应用，需要了解硅上 PI 和电源质量将成为参与这样设计的工程师所必需的。下一节将介绍这些在硅上 PI 的概念。

7.1 硅和封装的电源完整性

虽然 PI 仍然是一个相对较新的研究领域，但在硅级 PI 中更加新颖。在许多情况下，平台级和硅级问题是类似的，但对一些重要差异的理解应该在深入探究硅技术领域之前。表 7.1 列出了这些差异以供参考。

如在第 4 章平台级的讨论，问题的变化取决于平台所使用的封装类型以及电源如何在芯片中分布。因为问题已经从平台的分布转到封装和芯片，所以期望电源路径的频率特性也发生变化。

表 7.1　硅和平台的 PI 的一些区别

PI 类型	平台的电源完整性	硅/封装的电源完整性
PDN - 时域	第一、二、三阶衰减求值	研究第一、二阶衰减
PDN - 频域	关注频率在 200KHz ~ 300MHz	10 ~ 300MHz
电源平面	主要是 PCB 和封装	封装和片上电源分布层
噪声分析	PCB 和封装	封装和硅层
电容	在封装的 LF、MF 和 HF 电容	接近和紧邻负载的 HF 封装和片间电容
辐射	典型的平台和全局的 - 主要是远场的	主要是局部和近场的

这是必要的，因为源和负载之间的阻抗变化现在更小，而对变化响应更快。可能最大的差异是在一个芯片、多个负载以及它们之间的相互作用，特别是与一个共同的接地系统，然后如何在每一级影响电源质量。图 7.1 等比例显示了一个芯片和多个负载，或 SoC，而需要多个电源给整个硅器件供电[○]。

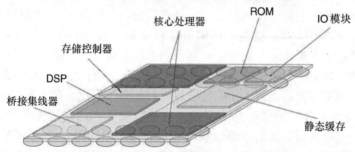

图 7.1　一个简单等距的带有多负载 SoC 的硅模块

当考虑整个系统的 PI 时，它需要有一个硅平台的系统观点。当沿不同平面电源从封装到芯片路由时，这是特别重要的。图 7.2 所示为在图 7.1 的例子中如何路由到硅片。图 7.2 中的功能模块封装层为清晰起见采用带阴影格子状的。电源从 PCB 进入并通过封装层电源平面到达每一模块/负载。层的放置使得电流可以以最低的阻抗通过压焊点、连线和凸点进入硅芯片。虚线代表在封装中来自嵌入层的电源。

对一个高性能的器件，如一个 SoC，需要高质量的电源。由模块构成的器件是相同工艺制造的，因此电压水平（除了可能的 IO）彼此是相似的。平面的分开和使用不同的电源轨是出于电源管理的目的，例如为了关闭和/或调制相互独立的电压轨。同时，由于 IO 路由通常在高性能封装中占主导地位，所以封装设计人员必须考虑信号沿电源平面的路由问题，以确保所有信号以最佳的 PI 离开。此外，根据每个轨所需电源，封装的铜平面厚度和宽度不同，有些是比别的更宽或更薄。

○　该图只是示意地说明，并不表示实际的硅布局或器件。

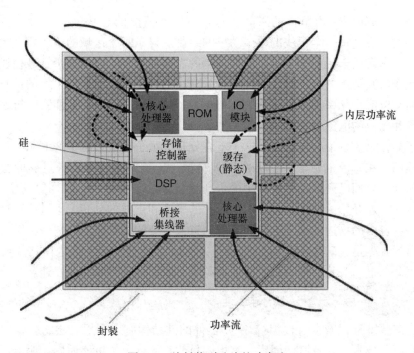

图 7.2　从封装到硅片的功率流

在一个实际器件的布局中，在某一时间工作的模块或负载取决于工作的软硬件和器件的工作模式[3]，当一个模块工作时，该区域会吸收一定量的电流，这会在一个较大的时间周期增加到负载的总有功功率。这是一个类似在一定时间点燃并照亮墙壁上那些区域的一排灯光。一个简单的工作负载如图 7.3 所示。工作

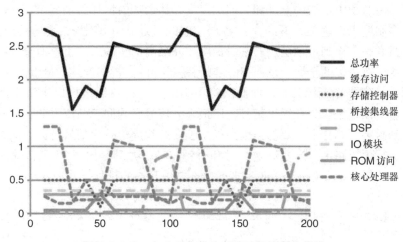

图 7.3　对一个 SoC 负载功率随时间的变化曲线

负载被绘制成以 ms 为单位的时间函数。在任何情况的总功率绘制成黑色的实线。同时注意到每一个模块的单个功率的绘制。显示每个区域的工作负载的重要性在于，它有助于说明相对于负载的去耦的需要在哪里，以及哪个负载模块最容易受到来自其他源的噪声耦合和噪声余量减小的影响。其他所需了解的信息是去耦如何与电流变化率关联，或当它转换时每个负载的 di/dt。这通常是与该模块的时钟和相应的电流分布的测量有关的。

正如在第 5 章中所讨论的，这个电流分布显示了对这个特定的电源路径的效果。然而，在一个主要是基于硅的 PDN 情况下，如何知道是否有足够的去耦以及如何证实它们已经满足了设计中的电压设定点的下降要求？要回答这个问题，就需要从互连开始，特别是从封装到芯片的平面和走线的分布。不过在这里需要采取一些自由的描述，由于电源和安置对进入负载的功率流的理解是关键的。因此，目标首先是在硅片上的电源层结构，然后回到电源，无论是在芯片或封装上。因此，下一节将着重讨论硅片上电源分布层，然后回到芯片互连。

7.1.1　用于电源分布的硅互连

许多数字（以及混合模拟/数字）器件的硅结构有多个层。层的多少取决于器件和工艺技术，以及其他因素。这里的目的是使这个尽可能通用。所以假定一个 8 层的堆叠，而分布的策略将从那里制定⊖。对较高或较低的数目堆叠，概念是相似的。

图 7.4 中一个器件的堆叠是由衬底（晶体管所在处）和不同的金属布线层组成的，在图中的显示从底部到顶部。注意，器件相对封装的连接是相反的，以更好地说明层和内部的互连。

还要注意图中走线的宽度和它们的厚度，从最低层增加到最高层，对数字器件的许多制造工艺这是典型的[1]。各层之间通过通孔（图中未示出）互连，这可以从衬底一直连到最顶层。通常，最厚的和最高的金属层用于电源分布。这是因为这些层有最多的金属，从而 IR 压降将是最低的。根据设计，最上面 3～5 层将专用于（主要）电源分布，而低层将用于信号。在较低金属层走线宽度是最小的，这个预期是因为在这里信号密度最大。信号必须向着凸点方向，使它们可以路由到封装。芯片上主要的路由路径是朝向芯片周边，而信号可以通向封装的最上层进行顶层路由。这是高速信号和时钟路径，尤其是出于 PI 和传输速度的原因⊖。图 7.5 所示为一个等距呈现的硅堆叠中几层的排列。

⊖　根据复杂性，一些器件具有 10 层或更多层并不罕见。一些不太复杂的器件可能具有 6 层或更少的层。

⊖　由于微带结构部分存在于空气中，而不是深埋在条带结构中，所以在封装和电路板表面的传播延迟更快。因此，一个微带的有效介电常数比条带的更低，其他条件都是相同的。

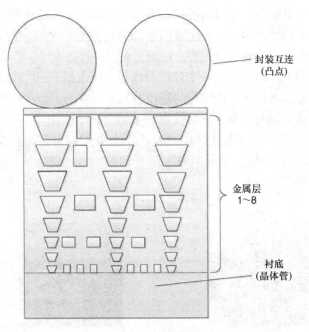

图 7.4 芯片凸点堆叠实例

如图 7.5 所示，这些层在相反方向交替以便制造。在每层每个走线间隔和宽度依赖制造商的工艺和规则[2]。相对 PI 的电源层的一些通用的规则如下：金属层之间的介质，有时被称为 ILD 或层间电介质，是一个绝缘体。介电材料是一种典型的氧化物，如 SiO_2。介电层的厚度在微米或亚微米级，这就是为什么当由两种金属连接时，高频电容器的构成必须包括足够的电容值。然而，将看到对于电源去耦，所需的电容需要大于金属间的电容，因此，通常使用其他电容结构。在一个给定的层，电源和接地的回路通常是成对路由，以最小化回路电感。这就是为什么每一层直接与上面各层的路由方向正交，使它保持一个小闭环电感路径更加困难。

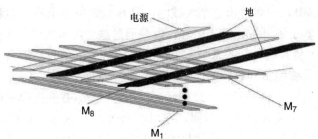

图 7.5 在硅层堆叠上的电源路由

正如在第 4 章和第 5 章讨论的，负载相对电源的位置是在创建一个质量分布网络时一个重要的考虑因素。为了说明电源路由进出一个模块区域的潜在问题，在图 7.6 例中使用一个核心处理器。在图 7.6 左边可以看出，核心位于（在这种情况下）处理器的左上部分。一个处理器核心可以占据 $1mm^2$ 或以上的区域，因此，从多个侧面的路由对保持较短的路径阻抗是有益的。初步认为可能在整个核心区域电源平面平均的分布，然后使电源垂直下降到晶体管（衬底）各处。不幸的是这是不实际的，因为（潜在的）成千上万的信号需要路由进出核心区。此外，由于 M_8（或一般）上层只有少量可用的铜，所以到核心的电源/接地平面分布必须仔细考虑。

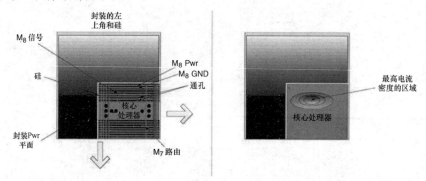

图 7.6 核心区的硅层路由 M_8 和 M_7（左）和占主导地位的电流密度区（右）

铜的最小宽度随着层的变厚而增加，并在每一层加入一定的铜密度限制，在接近凸点阵列的任何给定区域就很难路由大量的连线到封装。另一个复杂的问题是在任何情况下电流密度不均匀地分布在整个核心。因此，需要确定最大平均电流密度将在何处，并相应地将层分配给该区域的进出。在图 7.6 的右边，电流负载密度显而易见地主要集中在一个最大的区域。通常情况下，如第 5 章中所看到的，这是在处理器核心执行其活动以及铜量最大的地方，应在这一区域垂直和水平布线，并连接到封装凸点电阻尽可能最低的地方。此外，这种情况下的布局或掩模设计师（MD）应将进出这个区域的信号和电源根据电流分布和信号密度约束进行分布。鉴于该区域充满了信号，以及通过这个区域封装凸点分布，对一个 MD 来说，容纳所有连接几乎总是一个挑战。图 7.7 所示为用于路由到这个核心区域的过程和需要路由到封装的信号问题（如果有的话）[〇]。

为了清晰起见，显示了几个凸点连接。注意在 M_8 有些电源和接地的走线被分开，允许信号连接到顶层。然而，在电流密度高的区域，走线一路延伸穿过 M_8 和 M_7。这允许多个凸点连接到封装平面的电源/接地走线对，并有助于形成低

〇 对于大多数处理单元，IO 连接到芯片上的其他模块而不是芯片外。这里的例子仅用于演示目的。

阻抗路径。作为到封装的连接，仍然保持低的电源路径阻抗也是关键的。图7.8 所示为一个封装和芯片的侧视图，而各层通过凸点连接到封装。路径（在这种情况下）代表到一个封装电源的连接，其中路由到封装的内层。

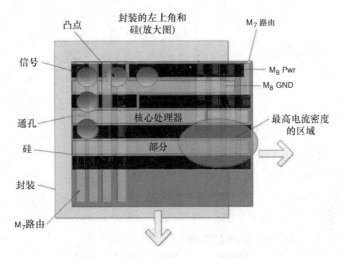

图7.7   图7.6显示电源/接地线路的放大视图

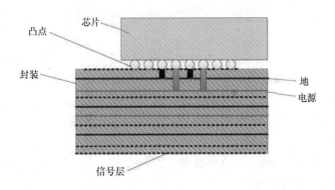

图7.8   封装和芯片横截面显示出一些电源和接地连接

　　PDN的电源路径用分离元件表示，然后分析路径中每个元件以创建网络，正如在前面的章节中做的。注意图中很重要的一点是，目的是尽可能多地降低从凸点分布的连接，使得可以合理计算路径中的寄生元件。接下来讨论路径中连接的实际电阻以及由于路由不当而可能发生的任何电流密度问题。

 7.1.2　**电阻和电流密度的考虑**

　　从电学的角度来看，重要的是阻抗尽可能低于在硅上信号源和负载之间的互连系统。首先检查电阻是个好主意。为清晰起见，这条路径分解成三个主要部分，即路径从负载到凸点互连，凸点阵列连接，最后连接到封装的源。回顾一下第 3 章，可以从它的几何形状确定结构的电阻。对一个如图 7.9 所示电流是均匀的矩形结构电阻的简单方程为

$$R = \frac{l\rho}{A} = \frac{l}{A\sigma} = \frac{l}{wt\sigma} \tag{7.1}$$

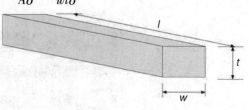

式中　l——走线或平面的长度；

　　　A——该段的横截面积；

　　　σ——材料的电导率。

随着温度的升高，材料的电导率发生变化。因此，考虑到作为温度函数的电导率，正确计算电阻是

图 7.9　简单几何形状的金属条

重要的。铜在工作范围内电导率的变化通过以下方程描述：

$$\sigma_T = \frac{\sigma_0}{[1 + \alpha(T - T_0)]} \tag{7.2}$$

式中　σ_0——在温度 T_0 时铜的电导率。

在这个情况下是室温（20℃），而在这个较低温度情况下（用℃）铜的 α 为 4.3%（0.0043）。式（7.1）和式（7.2）可以用来计算从负载回到凸点连接的一个导线（或一组导线）电阻。然而，这些方程只适用于电流均匀通过横截面的金属条，即

$$J = C = （常数）A/m^2 \tag{7.3}$$

因此，要使这个表达式成立，电流密度必须是恒定地通过整个结构。然而，在许多情况下，这不是一个有效的假定。主要的原因是电源转换器元件相对负载的位置。如在第 4 章中所讨论的，在一个平面上的电流密度不总是恒定的，特别是在 PCB 相对于负载时。VR 元件的位置（在这种情况下为电感）可以显著影响阻抗，因此尝试提取电阻或电感时必须考虑。相对垂直连接的负载位置也同样成立。图 7.10 所示为这种困境。

根据源相对负载的位置，不等的电流反向流过通孔和凸点，如图 7.10 所示（电流从左至右通过凸点增加）。粗虚线表明右边相对左边较大的电流密度。特别是从负载到源路由的互连电阻和/或阻抗有显著差异时。如图 7.10 所示，如果封装平面有一个比凸点或硅通孔连接更低的阻抗，则更大的电流可以通过接近电流源的凸点和通孔。这可能导致电迁移问题，马上将对它进行详细的讨论。回顾第 4 章电感的位置影响了相对负载平面的电阻和阻抗。VR 现在位于封装上将会如何？它有一个类似的效应吗？图 7.11 所示为一个可能的 VR 结构以及它如何影响 PDN 寄生参数。

在左上角元件位于一个基本降压设计中一个希望的电流出现的位置（在这

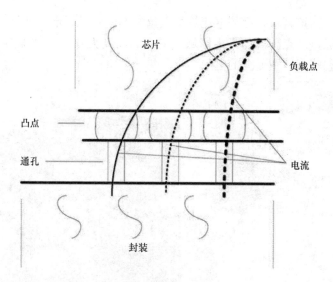

图 7.10　在硅中从负载点的电流密度的变化

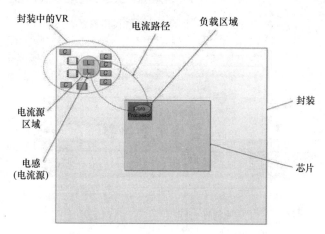

图 7.11　在封装的电流路径上的 VR

种情况下为核心单元供电），与输入电容、功率器件和控制器，*LC* 滤波器从左到右相应放置。实际电流从电感输出端的实际触点通过封装上一个连续平面流向硅负载。然而，电感的两个输出可以表示为一点源，如在第 4 章对 VR 平台所做的那样。这允许在两个通孔（见第 3 章）平面上使用电流公式估计通过平面从凸点底部到芯片上负载源的电阻。在下面的例子中分解这条路径，分析每个部分以确定连接电阻的最佳估计。

例 7.1　参考在图 7.12 和图 7.13 从 VR 到凸点的电流路径，以及在表 7.2 中的数值。利用第 3 章式（3.121）确定近似的电阻。假定从负载区域的电流近似为均匀的，而该区域外面的电流是可以忽略的。同时假定凸点分布使电流分布几乎是均匀通过凸点阵列的指定区域。平面的温度大致均匀并保持在 80°C。在这个计算中忽略封装中通孔的电阻。

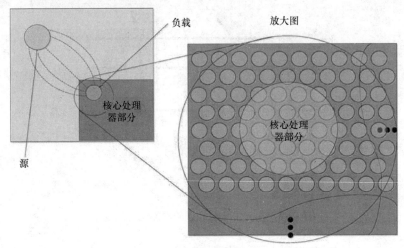

图 7.12　计算电阻的负载和源点

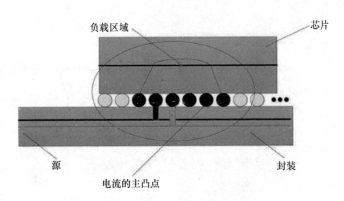

图 7.13　图 7.12 芯片封装区截面

表 7.2　用于计算从负载到源的电阻值

元件	尺寸
源区直径（电感）	2mm
负载区直径（处理单元）	0.5mm
源中心到负载中心间距	6mm
电源和地平面的厚度	0.7mil⊖
Pwr 凸点数	10
接地凸点数	10

⊖　1mil = 0.025mm。

假设凸点阵列的电阻为 4.4mΩ，而通过通孔到负载的电阻是 100μΩ，近似是合理的吗？也就是可以假设电流将均匀通过凸点阵列吗？

解　根据在一个平面上两个通孔之间的电流方程，即第 3 章式（3.120）。这一结果只在半径相等时有效，必须确定更一般的结果。假设间距比最大的圆的半径大得多，首先指定 R 为两个半径较大的一个，r 为较小的一个。由于电流是均匀的，所以电流和电流密度是恒定的，因此用式（3.120）得到

$$I = \oiint J_\phi \cdot \mathrm{d}S = \int_r^{s-R} \int_0^t \frac{V\sigma}{2\pi r}\mathrm{d}r\mathrm{d}t = \frac{V\sigma t}{2\pi}\ln\left(\frac{s-R}{r}\right) \tag{7.4}$$

而对电阻

$$R = \frac{V}{I} = \frac{2\pi}{\sigma t \ln\left(\dfrac{s-R}{r}\right)} \tag{7.5}$$

对这两个方程的限制是间隔 s 必须是半径的约 5 倍或更大。一个简单的检查表明似乎正是如此。

现在，用式（7.5）估计给定厚度 t 平面的实际电阻。因为这里考虑了总路径，所以路径的返回部分必须乘以 2。由于温度的影响，采用铜的电导率是重要的，即

$$\sigma_T = \frac{\sigma_0}{[1 + \alpha(T - T_0)]} = \frac{5.7 \times 10^7}{[1 + 0.0043(80 - 20)]} \approx 4.53 \times 10^7 \tag{7.6}$$

$$R_{\mathrm{path}} = 2 \times \left[\frac{2\pi}{\sigma t}\ln\left(\frac{r}{s-R}\right)\right] = 2\frac{2\pi}{4.53 \times 10^7 t \ln\left(\dfrac{6 \times 10^{-3} - 1 \times 10^{-3}}{2.5 \times 10^{-4}}\right)} \approx 5.3\mathrm{m}\Omega$$
$$\tag{7.7}$$

假定平面是 0.5oz 铜，这个值是一个合理的低值[⊖]。现在，目的是确定是否电流均匀地流过凸点阵列。可以证明的唯一方式就是如果平面的电阻比凸点电阻大得多，则由于凸点电阻与平面电阻在同一量级，因此假设是无效的。另一个问题是到实际的晶体管负载的电阻是很低的，这意味着基本上可以忽略这个电阻并假设负载是共同位于凸点的。这两组数据导致的结论是，有些凸点会比别的吸收更多的电流。一个可视化这个效应的方法是比较阵列一侧凸点路径和另一侧的路径。图 7.14 图形化显示了这点。如果源在左而每个凸点电阻是比较高的（在这种情况下，由于电源/接地凸点的数量，可以假设电阻约高 10 倍），则很明显最右边的电流路径会比最左边的那个高。

因此，如图 7.14 右侧所示的电阻示意图可以预期，作为附加平面电阻的函

⊖　许多封装和电路板平面以 oz（盎司）为单位，而不是 in 或 mm：1oz 铜通常为 1.4mil 或大约 35μm 的厚度。

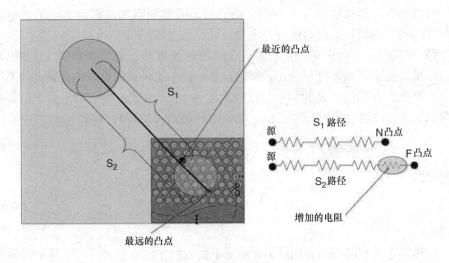

图7.14   在硅凸点阵列的不同路径

数，从凸点右侧到左侧的电阻会增加。好消息是电阻的差异应该是比较小的，因为从每个凸点到源的总体距离差异相对较小

$$\frac{S_1}{S_2} = \frac{6}{6.25} = 0.96 \tag{7.8}$$

由于平面是均匀的而距离相对半径较大，电阻几乎与每个凸点距离成正比，因此，尽管是有区别的，但由于在平面的位置和电阻，每个凸点电流量不会显著增加。然而，由于电阻随时间变化潜在的长期失效，在互连系统检查电流密度是一个好主意。注意，在电源路径只检查一个方向，即电压路径。通常，电源和接地路径中的电阻是不相等的，需要分别检查。

前面的例子说明了在互连中检查电流密度的重要性。虽然从两个极端的凸点电流之比接近1，但如果比值小很多会如何？如果流过一个或多个凸点或互连的电流比其他电流多得多呢？虽然这不是互连的最好应用，例如互连的电源不能平等分配，它可能导致严重的可靠性问题[5]。电迁移是一种在金属互连中的现象，当电流密度变得比互连允许的可靠性级别更高时会发生。从技术上讲，电迁移是指材料在金属中随时间的移动，由导体中离子的运动引起。结果材料可能会移动，形成一个边界，可以在该位置引起断裂和最终的电学失效。硅工业中使用许多方法来预测这个问题，因为在许多先进的硅器件中电流密度高，器件互连特别容易受到这个问题的影响。在20世纪60年代建立的Black方程有助于预测一个互连的可靠性和最终的失效点[4]。平均无故障时间或一个导线的MTTF计算如下：

$$MTTF = \frac{A}{J^n}e^{E_a/kT} \tag{7.9}$$

式中 A——一个常数，由电流流过区域的横截面确定；

J——电流密度；

n——比例因子（通常为 2）；

E_a——活化能（所有自扩散常数下，对焊料为 0.55eV 而铜为约 0.7eV）；

k——玻尔兹曼常数；

T——温度，单位为 K。

式（7.9）可以给出一个互连 MTTF 的合理估算。然而，在如今的系统中，由于先进的硅技术和互连系统的复杂性，采用 3D 和 2D 的建模工具用于实际电路中模拟潜在的互连 EM 问题。PI 工程师允许对连到电源的电学互连进行全面检查，以确保 PDN 设计对 PI 效应和可靠性是足够的。当对有限的凸点连接到封装存在竞争性的因素更为关注时，例如电源的位置以及电阻的位置就成了问题。

7.1.3 对封装的 VR 系统的 PDN 考虑

对于涉及封装上电压调节的 PI 工程师，主要目标是构建芯片电源传输的一个准确的 PDN。必须针对一般系统的问题同时开发 PDN 以防止潜在的失效模式。一旦明白了这一点，在关注封装布局的设计工程师，硅的 MD 和 VR 的设计师以及 PI 工程师应该能够制定 PDN 构造。因为对器件有严格的布线约束，如 SoC 有对封装层的限制。此外，如图 7.11 所示，如果器件放置在一个接近负载的区域，则表面上几乎没有空间，靠近器件和芯片来路由高速 IO，这限制了封装设计师对表面路由走线的选择。另一个问题是没有从电感的输出到芯片上的凸点的连续平面。大多数这样的硅封装是组合架构，意味着通孔互连大多嵌入在堆叠中，为了将信号从电路板传到封装，它几乎总是需要通过电源和地平面垂直传输信号以允许从硅向外路由。当芯片比封装小得多，并当 IO 在封装到板的连接占主导时，情况总是如此。因此，当计算平面的电阻时，一个穿透因子（PF）是用于重要的通过通孔的平面区域。穿透因子仅仅是用来估计在相对该区域的平面中去除的铜的实际比例，然后作为最终电阻计算的一部分。图 7.15

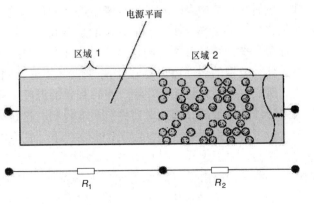

图 7.15 平面通孔分布和电阻差异

所示为两个这样的区域，一个是一个连续的平面，而另一个有大量通孔互连。估计这个影响是很简单的：工程师计算通孔环的大小（保留经过的通孔），然后估计在该区域单位面积有多少通孔。必须采用一个误差因子以确保电阻计算是高于实际值。

如图7.15所示，通孔分布是交错的或彼此接近。使用一个粗略的穿透因子的问题是它没有考虑在拥挤的金属通孔之间电流的集边效应。PI工程师应检查是否有任何电迁移问题可能出现。此外，如果通孔间隔更远，则紧密压实区域会导致更高的电阻路径。这可以出现在封装中，而在引脚范围存在大的通孔阵列，连续通过关注的平面。在这种情况下，工程师经常使用条形估计平面而不是PF（穿透因子），如图7.16所示。不管用哪种方法，目的是获得一个基本上是相同的电阻的合理估计。此外，如果有任何可能存在的可靠性问题需要考虑，则PI工程师应经常与相应的制造业的代表联系。

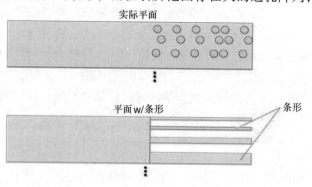

图7.16　用来表示电阻计算平面的条形实例

回顾一下第4章的集总元件可以用来估计首次通过的PDN。这不是要取代数值模拟，但是它的补充，可以减少数值模拟中的迭代次数并从第一原理的分析和估计中得到实际的结果，允许工程师对一个结构建模来获得一个可以比较的结果。第一个要问的问题是PDN是否是来自芯片上VR或平台网络的截断形式？这是一个合理的问题，因为很容易通过简单地从整个平台的原始估计值中删除元件，然后在封装中VR末端开始使用这些元件，这个获取的快捷方式是诱人的。在某些情况下，一个粗略的估计可能是有效的。然而，问题是片上电压调节和电源分布和平台结构有所不同，这个差别主要是用于在片上VR滤波电容的类型。对于什么类型的器件可以存在于高性能封装是有制造限制的，大多与热约束有关。例如，周围封装温度往往比平台板子的温度要高得多，而且由于散热片可能会位于硅器件顶部，因此对器件有高度限制。这意味着在X－Y方向的部分尺寸较大，可增加安置的空间，而在许多情况下，它们的温度是由于封装的传导引起的。因此，用于这样设计的元件类型是不同于板上的，这将改变PDN的特性。此外，器件的路由可以改变下面平面的特征。要了解这些，以及芯片结构上对PDN的影响，最好是从一个简单的测试案例开始并使用图7.11推导它，然后建立一个PDN，如第4章平台的版本所做的一样。图7.17所示为一个如何用芯片上类似于图 7.11 的结构分解分布。注意每一部分的标记。与第 4 章中说明的平台相比，这里添加了大量的元件。这些元件在表 7.3 中定义。由于其高频特性，在硅中纵向和横向的路由寄生参数以及凸点阻抗主要增加的是影响其结果的电容。

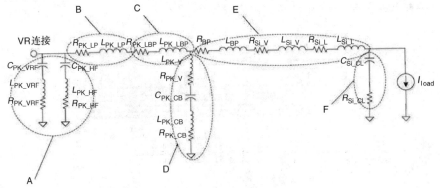

图 7.17　片上 VR PDN 到负载的示意图

表 7.3　在图 7.17 中 PDN 元件的描述

PDN 元件	定义
C_{PK_VRF}	封装级 VR 滤波器电容器电容
L_{PK_VRF}	封装级 VR 滤波器电容器电感
R_{PK_VRF}	封装级 VR 滤波器电容器电阻
C_{PK_HF}	封装级高频电容器电容—凸点区外
L_{PK_HF}	封装级高频电容器电感—凸点区外
R_{PK_HF}	封装级高频电容器电阻—凸点区外
L_{PK_LP}	封装级平面电感—凸点区外
R_{PK_LP}	封装级平面电阻—凸点区外
L_{PK_LBP}	封装级平面电感—凸点区内
R_{PK_LBP}	封装级平面电阻—凸点区内
L_{PK_V}	封装级平面电感—封装背面的纵向路由（如果有的话）
R_{PK_V}	封装级平面电阻—封装背面的纵向路由（如果有的话）
C_{PK_CB}	封装级高频电容器电容—封装的背面（如果适用的话）
L_{PK_CB}	封装级高频电容器电感—封装的背面（如果适用的话）
R_{PK_CB}	封装级高频电容器电阻—封装的背面（如果适用的话）
L_{BP}	凸点电感
R_{BP}	凸点电阻
L_{Si_V}	硅级纵向电感
R_{Si_V}	硅级纵向电阻
L_{Si_L}	硅级横向电感
R_{Si_L}	硅级横向电阻
C_{Si_CL}	硅级负载电容
R_{Si_CL}	硅级负载电容的电阻

图 7.18 所示横截面显示了这些元件的更多细节。标注对应于图 7.17 中的原理图。由于负载的位置，在硅路由中应同时考虑纵向和横向部分。电感部分往往是相当低的故被忽略。片上去耦具有非常低的寄生电感（将在本章后面讲述，因而没有出现在图 7.17 中的负载电容模型中。

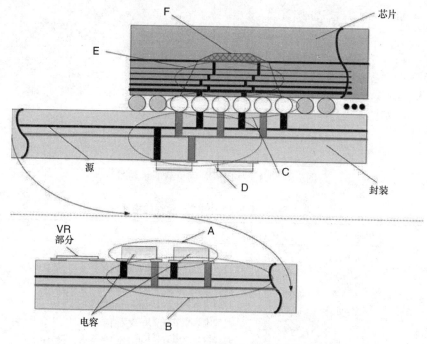

图 7.18　图 7.17 中 PDN 区域的横截面

在图 7.18 中有几点要注意。如在 4 章讨论的，返回路径是在模型中的镜像。这表明电阻和电感元件的寄生效应大致相同。在大多数情况下，这可能不是一个有效的假设。如果需要一个更准确的估计，则 PI 工程师预先需要得到更多的详细资料。然而，当随后需要更精确的建模时，可以将细节留给 3D 工具进行建模。

构建的模型是足够简单的，集总元件将产生一个很好的实际近似。一旦建立了 PDN，可以运行一个简单的 Mathcad 文件以确定总的阻抗曲线，或一个 SPICE 模型确定在时域由于下降产生的影响，如在 5 章所述。在下面的例子中，构建一个 PDN 文件研究频域效应和定位结构的谐振。第一步是用基于第一原理提取的值形成一个表格。对于凸点阵列，它假定在凸点间有一些相互耦合以更精确地确定电感。然而，将会看到这个电感非常小，因此一些分量将被忽略，或与其他添加的元件串联以简化分析。

例 7.2　使用图 7.17、图 7.18 以及表 7.4 确定图 7.17 网络的 PDN 和图中的

阻抗的大小曲线。由以下值计算凸点的电感和电阻。可否把这个和其他部分结合或忽略它？换句话说，是否有足够大的值使得有人关注它们？

表 7.4 在图 7.17 中 PDN 元件的值

PDN 元件	数值
C_{PK_VRF}	30μF
L_{PK_VRF}	300pH
R_{PK_VRF}	400μΩ
C_{PK_HF}	10μF
L_{PK_HF}	44pH
R_{PK_HF}	100μΩ
L_{PK_LP}	360pH
R_{PK_LP}	5.3mΩ
L_{PK_LBP}	70pH
R_{PK_LBP}	2mΩ
L_{PK_V}	0
R_{PK_V}	0
C_{PK_CB}	0
L_{PK_CB}	0
R_{PK_CB}	0
L_{BP}	凸点电感
R_{BP}	凸点电阻
L_{Si_V}	500fF
R_{Si_V}	600μΩ
L_{Si_L}	730fH
R_{Si_L}	1mΩ
C_{Si_CL}	20nF
R_{Si_CL}	400μΩ

凸点计算的数据：

1）180μm 间距的凸点；

2）凸点的大小：直径 110μm；

3）材料：焊料（5.7×10^6 S/M）；

4）电源和地的凸点数（每一个）：20。

解 最好是开始估计凸点的电阻和电感。可以根据凸点限制在平面两侧的事实而忽略边缘效应。通常情况下，在这样的一个阵列可能也需要计算互感，以确定凸点阵列上的有效电感小于原始设计。然而，由于这种效应应在估计的误差范围内而被忽略。如果凸点实际上是圆柱，则估算是简单的

$$R = \frac{l\rho}{A} = \frac{d}{\pi r^2 \sigma s} = \frac{2}{\pi r \sigma s} = \frac{2}{\pi \times 55 \times 10^{-6} \times 5.7 \times 10^6} \approx 2\text{m}\Omega \tag{7.10}$$

由于有 20 个凸点，故电阻会除以 20，然后每个方向翻倍，或 200μΩ 凸点阵列。电感可以用第 3 章式（3.115）计算

$$L = \frac{\mu_0 l}{\pi} \ln\left(\frac{(s-r)}{r}\right) = \frac{4\pi \times 10^{-7} \times 110 \times 10^{-6}}{\pi} \ln\left(\frac{180-55}{55}\right) \approx 36 \mathrm{pH} \quad (7.11)$$

因为有 20 对，所以有效电感约为 1.8pH，注意电阻和电感是很小的数，但它们大小与互连到负载的硅级寄生效应相似。这意味着它们应该与其他寄生效应叠加在一起而不是忽略。

下一步是结合 MathCAD 电子表格的方法确定 PDN 阻抗曲线。图 7.19 所示为 PDN 曲线。需要注意的是在 47MHz 处有一个大的谐振。对 X 轴和 Y 轴数据采用对数坐标。这表明如果为这个系统设计一个实际的 PDN，最好通过增加滤波减少或消除这个谐振。这个高峰值的一个可能原因是有没有增加背面电容，或者说没有添加足够的低电感的高频电容到封装中。在某一时刻上的谐振频率可能成为一个噪声源，所以抑制它会是一个好主意。

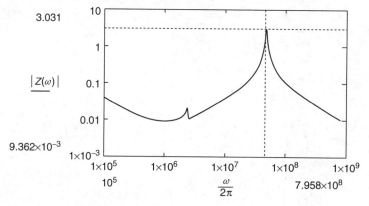

图 7.19 例 7.2 中的 PDN 阻抗曲线

对于曲线中其他要关注的特性是低频阻抗。阻抗从约 1MHz 的频率随频率下降而增加。这表明环路响应应该比阻抗开始大幅上升的点的速度快。在 3 ~ 4MHz 范围也有一个很小的谐振。由于谐振小并且不与信号的任何频率一致（大多数情况下），所以它不应该是一个问题。下一节将展示变换器的工作频率高于平台的工作频率。这是和元件的大小有关的。元件需要小到足以适应一个有限的空间。因此，可以提高开关频率以适应这个情况。

前面的例子表明对封装应用 PDN 不同于那些在平台上的 PDN。对芯片上和硅上的电源传输应用将在下一节中进行研究。

7.2 硅和封装的电源传输

到目前为止，对硅和封装相关的传输系统的一些基本的 PI 问题进行了讨论。这一节将介绍封装和硅电源传输的一些显著的设计问题和参数。相对于基础平台的电源传输方法和转换技术，这是一个令人兴奋的新技术领域，在过去的十年中已获得广泛的关注。如第 1 章所做的简要讨论，现在要传输的电压以及高电流密度，驱使电压调节接近硅的水平，在许多情况下，工程师在硅上设计 VR。大多数情况下，硅上电源传输方案归属于线性调节和非开关设计。正如每一种电压调节方法有它自己的位置，然而，有些方法比其他方法更适用于某些特定的应用。本节将简要论述这些方法，要正确地论述这个话题需要用一个完整的文本，这超出了本书范围。对 PI 工程师，了解电源传输的方向是基本的要求。用于近硅或硅上电源调节方案的 PDN 带来了一系列新的问题。在本节将讨论封装控制的一些问题和基本技术以及硅上电源传输的一些方法。最后将简要回顾使用这些方法对 PI 的影响。

7.2.1　封装的电源传输

　　对于封装上的电压调节，如同应用到实际系统中所有新的和发展中的技术一样，需要进行多因素的权衡。从 PI 的角度来看，在前面的章节中已表明，硅 PDN 可能比一个平台上 PDN 开发有相当大的不同，它是将更小的元件放入一个非常有限的区域内。当设计这样的结构时，也有一些实际的环境问题必须处理。首先，元件封装平面温度（因此通常为环境温度）为 20°C 或比平台热。这是部分由于负载器件更高的结温度和 VR 元件与硅的接近程度。在这样的封装器件经历 90°C 或更高的温度是很常见的。此外，与对应平台相比，一些特殊的元件，尤其是 FET 和电感，需要更高的内部工作温度。其次，所有这些元件物理结构是较小的。这限制了设计师允许热消散容易通过平面或通过任何其他机制的能力。再次，产生并进入这样的电压调节器的电压通常远低于平台的电压。这是因为在整个产品的使用周期，封装小的堆叠层和材料往往是在更高的电压面临击穿电压问题。这些限制使得在封装中放置电压调节器面临挑战。

　　然而，对于许多应用的原因和优势是令人信服的。由于较小的平台元件使得尺寸和成本降低，实际产业有利于平台，而潜在的性能优点只是驱使设计师沿着这条路径的几个原因。从一个调制拓扑的角度看，设计师有多种选择。如果电流相对较高，则降压调节器是最好的选择。这在第 2 章进行了相当详细的回顾。这里平台设计与封装设计的主要区别是集成，如图 7.20 所示。

7.2.2　封装和硅电源传输的权衡

　　在平台的情况下，FET、驱动器、控制器和滤波器元件是分离的并相互独立地放置。然而，在一个封装设计中，大多数而不是所有的元件集成到几个元件中。在 FET、驱动器和控制器的情况下，这些模块集成到一个单一的器件。这个明显的优点减少了这些功能之间的寄生效应。衬底的添加使得可以容易地装配到

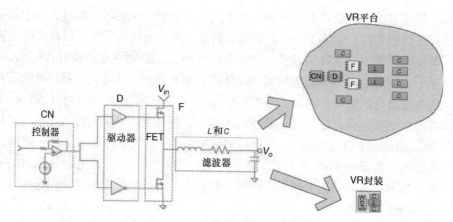

图 7.20 平台和封装的电压调节器的比较

封装。有一些实际的限制必须考虑，它们会影响 PI 工程师的设计。首先，该解决方案的效率通常低于平台形式。这是因为保持元件小的开关频率必须比平台大 5～10 倍（或更多）。晶体管的开关损耗如第 2 章所示，是直接与频率和主开关器件的电容（主要是栅）相关的。因此，预计总电源损耗要比同等的平台设计高一点。此外，对分离电感的电感材料，在更高的频率总是有更高的损耗（铁氧体与合金结合）。这进一步加剧了电源损耗问题并会影响封装的平面温度，在 PDN 增加高的损耗和由此产生的较高电阻。如果电压足够低，则 SoC 的开发商或硅负载器件，可以选择把一些 VR 元件集成到 SoC。而且，由于在负载芯片与数字模块无数的约束，这可能不是最经济或实际的选择。从功率元件的附加热量甚至可以进一步加剧已经存在的热问题。

降压转换器的拓扑结构设计和那些平台类型的拓扑结构几乎是相同的⊖。这样，就不必再检查电路，只检查差异即可。然而，这实际是为了以模块形式说明一些突出的属性。图 7.21 所示为将一个设计分解为主要模块部件。这个设计和另一个类似的电源平台之间的差别在于，为了保持元件尺寸小和集成数量[6]，需要以更快的速度开关电路，同时要求周围电路支持这些速度。集成一些模拟和数字模块到一个单片器件中以保证正确的工作，限制在关键部分之间的噪声耦合对设计师来说往往是重要的。因此，通常增加噪声抑制电路有助于减少任何额外的噪声。此外，由于在这样一个集成电压调节器件中转换时有相对较高的电流，共享相同平面的任何器件、IO 和互连对这种噪声很敏感。因此，当设计高度集成的模拟系统时，缓冲技术是关键的。

对于低功耗应用，电压转换还有一些其他的选择。开关电容和线性调节器广

⊖ 这里的目的不是要设计一个封装上或在硅上的电压调节器，而是说明采用例子和 PI 关注的问题。

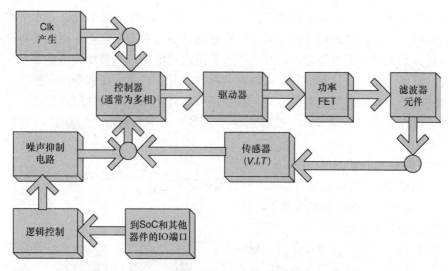

图 7.21　集成到封装/硅片的电源系统设计的典型模块

泛用于许多低功耗输送系统，往往集成到负载芯片。如在第 2 章所示，这些转换器具有不需要电感作为滤波器件的优点，而硅外部电源传输用很少的分立元件来完成。图 7.22 所示为这样的转换器被集成到负载芯片的例子。

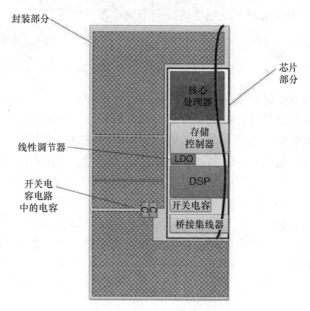

图 7.22　说明 LDO 和开关电容的芯片部分

在第 2 章中提到了开关电容的设计（电荷泵）以及线性调节器或低压降线性调节器。两个转换器是很容易集成到现有的硅片中，并经常用于需要小电流负载的电源应用，例如 PLL（锁相环路）、偏置电源或 IO 等需要不同电压水平的小逻辑区域，比如说处理单元或存储器。许多这些设计在数字电路和周围布局没有强加过多约束情况下可以处理在几百毫安范围内的电流，当然优点消除了对外部器件的需要。当一个复杂的 SoC 被放在一起时，几乎总是需要多个小电源轨支持内部的功能。所有开关电容的设计与线性调节器对这个应用提供尺寸和灵活性等方面的优点。当应用要求（一般的）一个或多个以下属性时，这些转换器就出现不足：

1）电流大于 500mA；

2）相对较大的输出电压要求不同的晶体管工艺；

3）宽的静态或动态电压调节；

4）大动态电流变化。

线性调节器也需要电压余量，或一个电压差，大的电压差足够允许线性调节和开启。这是因为如果源和输出电压差很小，则一个线性调节器具有一个有限的工作范围。一些有小的电压差的线性调节器称为低压降调节器，如第 2 章中简要描述的。

不管是什么应用，由于需要集成更复杂的功能到 SoC，封装和硅电源转换似乎变得更为流行。随着工艺的进步，工程师应该会看到这种技术使用的增加，而 PI 工程师的技能将越来越多地包含这些类型的电源传输设计。

7.3　片上去耦

随着结构和设计师在他们的芯片设计中继续推动数字功能密度，硅去耦的努力变得越来越具有挑战性。特别是对 SoC 的应用，密度问题甚至更为关键，因为模块在尝试隔离电源轨以实现更好的电源管理时会竞争电源去耦。近年来，人们对制造高质量电容重新产生了兴趣，如 MIM 电容[8]。对于片上去耦，这里关注的是对不同的去耦方案获得一个更深入的了解，使 PI 工程师可以理解它是如何影响整体的 PDN 系统以及如何建模的。

对于复杂的负载，在主要路由和互连完成后，电容是穿插在多个功能模块之间的。通常情况下，一个给定的去耦电容专用于局部区域，由于功能模块的负载电荷可能发生耗尽。图 7.23 所示为去耦电容的一个例子，说明去耦电容如何横向（特别是如果电容是基于 MOS）穿插在单元之间。对于高 di/dt 和/或低噪声电路区域这并不罕见。

电容也可以直接位于功能块顶部，但它必须是不同的类型而被嵌入在硅的层结构中。电容使用的模型根据不同的要求和电源去耦的需要而变化。如今芯片设计师可以采用在硅上解耦的多个不同类型的电容，这取决于工艺、成本和约束。

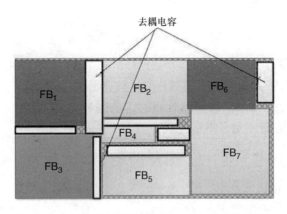

图 7.23　去耦电容穿插在数字模块中（功能模块）

这些电容见表 7.5[⊖]。

表 7.5　典型的硅层电容值/面积

电容类型	典型的单位面积值
金属间电容	约 $1 \sim 10fF/\mu m^2$
晶体管（T – 电容）	约 $5 \sim 15fF/\mu m^2$
MIM（金属 – 绝缘体 – 金属）电容	约 $15 \sim 30fF/\mu m^2$

金属间电容是利用金属层和层之间的介质形成的电容器结构。通常，这个电容很小但质量高。它经常使用在只需少量电容的地方，如在一个运算放大器的一个滤波器中，以及易于接近的地方。通常情况下，这种类型的电容不用于电源去耦。这是因为值太小，除非有很多层提供给设计者使用。图 7.24 所示为一个简单的结构。

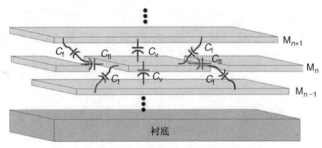

图 7.24　金属层间电容结构的例子

正如预期的那样，电容的不同取决于耦合到另一层的耦合层。此外，将有一个边缘电容，允许在相同的基本区域额外地存储，这可以在图 7.24 中看到。总电容是一个边缘电容和垂直电容的组合。这可以表示为

⊖　表中的值很大程度上取决于工艺技术、路由的限制，以及其他设计因素。这些只是一般的近似，而设计师在进行任何分析之前应该请教他们的制造企业代表以得到更精确的数据。

$$C_{\text{tot}} = A \cdot C_{\text{v}} + \sum_{i}^{n} P_i \cdot C_{\text{if}} \tag{7.12}$$

式中　A——面积；

　　　P——相对于其他金属层子部分的周长分量。

边缘电容通过一个 3D 解算器计算，这是因为它是高度依赖于几何形状的。一个简单的公式近似（对分散的连线）为

$$C_{\text{f}} \approx \varepsilon_{\text{ox}} \ln\left(1 + \frac{t}{h}\right) \tag{7.13}$$

式中　ε_{ox}——氧化物的介电常数；

　　　t——主板的金属层厚度；

　　　h——上方或下方的主板高度。

注意前面的方程是一个单位长度的关系，单位为 μm。横向间隔紧密的导线电容由式（7.14）估计

$$C_{\text{f}} \approx \varepsilon_{\text{ox}} \frac{t}{s} \tag{7.14}$$

式中　s——横向极板间的间隔。

设计师在布局中直接用 CAD 工具计算，并为工程师提供简单的提取以进行估算。PI 的工程师假设已经获得了一般布局规则并对设计有一定了解，内部金属电容的第一次估计是很容易得到的。

对需要大量的本地去耦电容的设计，开发者使用的晶体管电容或 T 电容，利用 MOSFET 作为一个晶体管。主要的限制是连接到衬底，它占据了实际进入硅晶体管的区域。另一个问题是晶体管电容受限于工艺可承受的电压，因为它们通常不能像一些金属电容结构那样浮空。大多数掩膜设计师都是在基本模块放置一定数量的 T 电容之后分配空间。图 7.25 所示为如何从 MOSFET 的结构形成 T 电容。

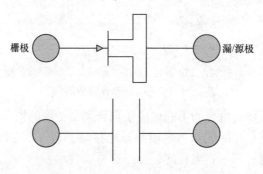

图 7.25　作为一个电容的 NMOS 晶体管

通过源漏极的连接，MOSFET 也用作一个电容器。晶体管的电容从以下方程得到：

$$C_{ox} \approx C'_{ox}A \cdot (\text{比例因子})^2 \tag{7.15}$$

式中 A——晶体管面积 $W \times L$，比例因子取决于工艺技术，C'_{ox} 为

$$C'_{ox} \approx \frac{\varepsilon_{ox}}{t_{ox}} \tag{7.16}$$

晶体管的宽度和长度定义为画出的晶体管的有效长度和宽度。这个定义了晶体管结构金属的几何形状。在一个系统中使用的 T 电容的数量取决于很多因素，其中最重要的就是从感兴趣的逻辑区域的布局和设计留下来的可用区域。如表 7.5 所示，晶体管每单位面积的电容与金属电容随面积而变化，然而，由于金属布线约束和区域中的晶体管密度的差异，往往设计者更容易得到晶体管电容[2]。在 MD 路由的设计后，与内部金属电容相比有一个更大的晶体管的电容，最终单位面积的值高度依赖于所采用的工艺技术。有更多方法使用 MOSFET 形成电容，如通过扩散电容，这些对小的滤波应用比电源去耦更适合。

最后一种设计师可以利用的电容类型（这取决于支持它的工艺技术）是金属-绝缘体-金属或（MIM）电容[10]。高介电常数的材料被夹在一个专用的金属层结构之间的硅金属堆叠，而材料非常薄以增加电容密度。MIM 电容用于许多先进工艺和应用中，包括电源去耦。优点是不仅有高电容密度，同时也为设计师提供专门的层，路由并形成一个高品质的滤波器。

下面的例子显示了如何使用本章的一些公式估计电容。

例 7.3 确定一个逻辑单元可用的电容，假设晶体管尺寸为 $200 \times 10 \mu m$，有 1000 个这样的晶体管，氧化层厚度为 35Å，氧化物是 SiO_2。假定工艺技术是 45 nm。

解 作为一个电容的 MOSFET 结构连接的侧视图如图 7.26 所示。在图 7.26 中 NMOS 结构可连接构成电容，电容正极的一端在晶体管的栅极，而负极在源/漏极。当电压施加到栅极时，晶体管将正向偏置，而在显示的路径中将建立电荷。要计算电容，首先由式（7.16）计算电容 C'_{ox}

$$C'_{ox} \approx \frac{\varepsilon_{ox}}{t_{ox}} = \frac{3.97 \times 8.854 \times 10^{-12}}{3.5 \times 10^{-9}} \times 10^{-12} = 10.04 \text{fF}/\mu m^2 \tag{7.17}$$

那么总电容为

$$C_{ox} \approx C'_{ox}A = 1.004 \times 10^{-14} \times 200 \times 10 \times 0.045^2 \times 1000 = 40.07 \text{pF} \tag{7.18}$$

注意，最后的 μm 一项消除了 C'_{ox} 项。在衬底中占据的总面积为

$$0.2mm \times 0.01mm \times 1000 = 2mm^2 \tag{7.19}$$

对很多设计来说，这个区域似乎很大。然而，注意大小为 40pF 的电容对本

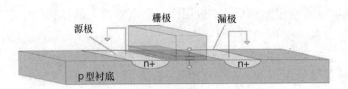

图 7.26　作为电容的 NMOS 晶体管

地逻辑区域去耦相当重要，并且对降低本地电源层 HF 噪声非常有效。

PI 工程师对局部解耦感兴趣的原因只有一个，即为使负载滤波器得到适当的滤波特性而开发一个有意义的 PDN。对用于负载的滤波电容有一个简短的讨论，但一直没有检查其他与此电容有关的集总的寄生效应。相对大数目的通孔和向下进入硅的短的走线，一般都是忽略互连的电感部分。这是因为与在 PDN 中其他寄生效应比较，凸点与实际电容间电感很小，然而电阻不会。当深入了解这些寄生效应时，对电阻有两个因素必须考虑。首先，到电容的互连是电阻性的；其次，实际电容的极板也可以是电阻。如 7.1.2 节所示，电流可以通过不同的路径到负载，这高度依赖于负载相对电容的位置。如图 7.27 所示，最低的阻抗电荷从 T 电容横向流入负载以提供开启晶体管所需的能量和电压。

因此，来自滤波的电阻是由一些互连路径引起的，这通常使分析变得复杂。PI 工程师然后可以选择咨询负责布局的设计师估算负载路径的电阻。在大多数情况下，由于负载芯片的分布网络中存在许多要素，试图获得第一原理的估计是具有挑战性的。使用如今复杂的 CAD 系统，MD 也可以执行一个简单的提取。

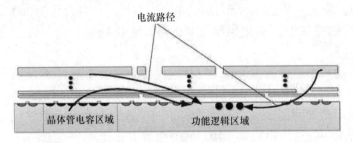

图 7.27　工作中硅横截面潜在的电流路径

7.4　硅电源中的前沿话题

本书的最后一个主题是一个在芯片上电压调节的新兴技术，在硅的开关调节器上取得了重大的进展。设计师主要集中在大学和在公司的实验室，将调节器放入硅并集成许多硅外部的元件。在撰写本文的时候，市场上还没有出现完全集成的大批量生产的器件。然而，在这个改变前它可能只是时间问题。主要的局限性是成功地添加滤波器到硅，以实现开关稳压器全集成的能力。尽管在这段时间里，电压调节器元件的集成也有了实质性的进展，但完全集成的趋势似乎正在稳步发展。对 PI 工程师来说，这最终将会对电源分布路径和 PDN，以及许多轨需要的系统设计有显著的影响。

暂时假设电源转换器位于不同的芯片上，并且（可能）是与负载芯片不同的封装，至少是了解 PDN 外观的起点。虽然这将推测这个 PDN 可能会是什么，一般性的假设将有助于了解潜在的长期影响。目标是探究什么样的电路将从一个在芯片上完全集成的电压调节器产生电能。

在本章的前面，对集成电源转换器到一个单独的硅芯片中的潜在优势已经进行了一些讨论。然而，既然它是一个开关稳压器，特别是一个正在开发的降压稳压器，这个问题就需要进一步检查。首先，注意这个电压调节方案的特点，并与平台的设计比较。表 7.6 给出了这两种方法之间的主要差异。

表 7.6　平台和片上电压调节典型的特征和比较

特性	VR 平台	片上 VR
每轨的相数	1 ~ 4	2 ~ 20 以上
元件数	每轨 6 个以上	通常没有
数字逻辑量	小	大
效率（电压比）	高	高
成本	中等	低*
输入电压的限制	由于老的工艺影响较小	由于接近逻辑工艺影响较大
可用性	一般	无法使用*
面积	相对较大	非常小
电源分布网络元件	大	通常较小

主要的优势似乎是在成本和面积方面。接近负载的电压调节器显示电容减少和环路响应的优点，如在第 5 章和本章前面所指出的那样，因为在 PDN 有较少的寄生参数。早期的设计加入更多和更小的 VR 模块到芯片并且并行运行它们[12]。对一个具有存储电感的开关稳压器，需要许多电感使其工作[11]。在片上电压调节的一个优点是更小、更细的电源模块可以被放入一个单一的硅芯片，而缺点是在这些电感存储的能量少。因为通过在硅上一个电感获得的电感量，比在平台上的一个大电感小得多。较小的电感存在能量储存的问题，而从一个平台上实现的设计[13]，这需要工作频率增加至少 10 倍。结果是有效的效率会降低，但由于较小的滤波器和更快的开关，因此环路响应要更快。图 7.28 所示为一些开发者正在使用片上的解决方案。

图 7.28 所示电感的设置可能是螺旋形的, 或接近这个以保持电感上升。有可能是它们上面的薄膜磁介质, 路由进出磁性区域的金属电感以增加电感[14]。在硅下面是电路 (桥接、驱动器和控制器) 和用于滤波和能量存储的电容, 以及电感和电容。这种类型的系统在 APEC 2010 [12] 已经提出, 虽然这样的设计可能有很多变化。从系统的角度, 片上的 VR 被放置在相对负载芯片的一个单独的芯片中, 并且位于与负载芯片相邻或位于电路板和/或封装的相对侧的下方, 如本章前面讨论的。

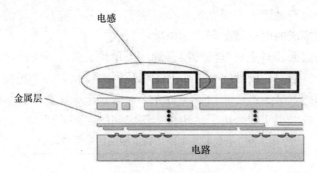

图 7.28　可能的片上 VR 结构的截面图

有趣的是, 如果有显著数量的轨支撑, 则在硅上的一个单片 VR 将具有尺寸和成本优势, 特别是当每个轨电流的负荷水平较小时。这个问题将是如何路由出芯片和封装多轨到负载芯片和其他负载源。如果电流的结果是显著的, 那么还需要增加平面的电阻和电感解决。因此将需要额外的滤波。

当设计人员提出将调节器技术的方法集成在硅中时, 它们将继续面临路由、噪声、成本、面积和许多其他的系统级限制的挑战。然而硅稳压相对于 HVM 或大批量制造, 似乎是一个在未来数年才能出现的技术。虽然目前还不清楚该技术将最终在哪里生根, 但很明显, 这将对系统级 PI 有一个深刻的影响, 并会为设计师设计电子和计算机系统解决方案提供机会。

7.5　小结

硅 PI 对 PI 工程师来说是一个相对较新的研究领域, 面临着许多的挑战。由于在芯片和封装中可用的空间非常小, 一些具有挑战性的问题涉及缺乏可用的面积来进行滤波。随着设计复杂程度的增加, 如在工业界具有稳固地位的 SoC, 在硅设计时需要更多的轨。7.1 节表明, 由于芯片上许多不同模块的漏斗效应使得每个模块都需要一个不同的轨, 这样进出一个器件的路由会受到限制。此外, 电源分布是由有效负荷决定的。还讨论了当电流密度和路由控制 PDN 时会发生的信号和电源之间互连的拥塞问题。如果没有足够的铜在互连中从源通过硅提供给负载，则会产生电迁移问题。因此，做一个快速的检查以确保路径的电阻平衡始终是一个好的主意。随后开发了一个简单的 PDN 用于 PDN 封装，在路径中使用集总的元件得到一个合理的估计。很明显，PDN 对于平台和一个封装设计是完全不同的，对每个估计都必须独立考虑。而且，在负载的附近，芯片上的去耦必须加以解决，包括在芯片上相对负载的位置。在工程师的处理过程中，有一些不同的去耦电容结构，但都依赖于工艺。随着负载变得更加复杂和分散，芯片上去耦对器件尤其重要，如 SoC。最后，讨论了芯片上开关稳压器。随着多负载和多轨系统预示的新的、令人兴奋的机会和挑战，PI 工程师肩负着平台和硅的下一代 PDN 技术的开发。

习 题

7.1 根据图 7.3，确定 SoC 在 200ms 的平均功率。根据曲线，相对其他负载，估算哪个负载占主导地位。如果你设计一个这样的负载网络，那么你会做什么考虑以确保 PI?

7.2 假设电阻为 1.4mΩ，确定在 105℃ 下纯度 89% 的矩形铜的电阻。假设铜厚度为 10μm，当信号是在图 7.19 中的主谐振时在这一层会形成良好的趋肤效应吗？

7.3 如果 L_{PK_VRF} 现在是 3pH 而不是 300，那么在表 7.4 中 PDN 的谐振是多少？谐振峰是多少？

7.4 计算金属电容器的总电容，假设面积为 $50 \times 50\mu m$，相邻的平面间隔 10μm，氧化物材料是 SiO_2，厚度为 72Å。

参 考 文 献

1. Bohr, M. T. Interconnect scaling-the real limiter to high performance ULSI. *IEEE IEDM*, 1995.

2. Baker, R. J. *CMOS Circuit Design, Layout, and Simulation*, 2nd ed. Wiley, 2005.

3. Gupta, M., Koc, A. T., and Vannithamby, R. Analyzing mobile applications and power consumption on smartphone over LTE network. *IEEE ICEAC*, 2011.

4. Li, W., and Tan, C. M. Black's equation for Today's ULSI interconnect Electromigration reliability—A revisit EDSSC Int. Conf., 2011.

5. Syed, A., Dhandapani, K, Moody, R., NIcholls, L., Kelly, M. Cu Pillar and u-bump elec-tromigration reliability and comparision with high pb, SnPb, and SnAg bumps. IEEE ECTC, 2011.

6. Yang, B., Wang, J., Xu, S., Shen, Z. J. Advanced low-voltage power MOSFET technol-ogy for power supply in package applications. *Power Electronics*: *IEEE Trans*, 2013.

7. Araki, T. Integration of power devices-next tasks. *Power Electronics: IEEE Trans*, 2013.

8. Klootwijk, J. H., Jinesh, K. B., Dekkers, W., Verhoeven, J. F., Van den Heuvel, oozeboom, F. Ultrahigh capacitance density for multiple ALD-grown MIM capacitor stacks in 3-D silicon. *IEEE Electron Device Letters*, 2008.

9. Kalavathi, S., Kordesch, A. V., Esa, M. Increased capacitance density with metal-insulator-metal—Metal finger capacitor (MIM-MFC). *IEEE ICSE*, 2006.

10. Wu, Y.-H., Ou, W.-Y., Lin, C-C., Wu, J.-R., Wu, M.-L., Chen, L.-L. MIM capacitors with crystalline-TiO2/SiO2 stack featuring high capacitance density and low voltage coefficient. *IEEE Electron Letters*, 2012.

11. Morrow, P. R., Park, C.-M., Koertzen, H. W., DiBene II, J. T., Design and fabrication of on-chip coupled inductorswith magnetic material for voltage regulators. *IEEE Trans. Magnetics*, 2011.

12. DiBene II, J. T., Morrow, P. R., Park, C.-M., Koertzen, H. W., Zou, P., Thenus, F., Li, X., Montgomery, S. W., Stanford, E., Fite, R., Fischer, P. A 400 amp fully integrated silicon voltage regulator with in-die magnetically coupled embedded inductors. IEEE APEC Conf. 2010.

13. DiBene II, J. T. Fine-grain on-die Integrated Magnetics: Breaking through the power/performance barriers. Power SoC Plenary Talk, 2012.

14. O., Mathuna, S. C., Mathuna, S. C. O., O'Donnel, T., Wang, N., Rinne, K. Magnetics on Silicon: An Enabling Technology for Power Supply on Chip. *IEEE Trans. Power Electronics*, 2005.

15. O. Mathuna II, S. C., Mathuna, S. C. O., Wang, N., Kulkarni, S., Roy, S. Power supply on chip (integration of inductors and capacitors with active semiconductors). *IEEE ISPSD*, 2012.

附　　录

附录 A　　常用电感几何形状列表

电感的计算是 PI 工程师在分析估算中比较常用的提取元件。除了在第 3 章所示的那些简单的计算，在这里添加了更多的公式。对这些和其他解析的表达式的讨论有许多好的参考文献。Ruehli[1]介绍了一种提取部分电感的方法，它允许将一个电路总的回路电感分解为部分元件。他的方法很值得仔细研究，因为采用称为 PEEC（部分单元等效电路）的建模方法对于更复杂的几何形状可以得到非常合理的近似。Hoer 和 Love[2]给出了一些基于矩形几何形状的电感，这在许多问题的估算中使用简洁并且效果良好。Leferink[3-5]还介绍了一些平面结构，这些都是很好的参考。所有这些公式可在本章参考文献 [3] 中找到。这些公式仅表示几个结构的自感。在大多数情况下，对许多电源的几何形状，互感可以忽略。随后给出两条平行导线的一个简单的互感公式作为参考。另外三篇优秀的参考文献见本章参考文献 [6-8]。表 A.1 总结了这些公式中的一些。表 A.1 后面是一些相应的注解。

两条长度 l 的导线之间的互感可以用下面公式计算[9]：

$$M \approx \frac{\mu_0 l}{2\pi}\left[\ln\left(\frac{2l}{s}\right) - 1 + \frac{d}{2l}\right] \tag{A.1}$$

表 A.1　　电感的解析表达式

编号	结构	L 或 M 方程
A.1		$L \approx \dfrac{\mu l}{2\pi}\ln\left(\dfrac{s}{2r} + \sqrt{\left[\left(\dfrac{d}{2r}\right)^2 - 1\right]} - \left(\dfrac{r}{d}\right)^2\right)$
A.2		$L \approx \dfrac{\mu l}{2\pi}\ln\left(\dfrac{\pi(s-w)}{w+t} + 1\right)$

（续）

编号	结构	L 或 M 方程
A.3		$L \approx \dfrac{\mu l}{2} \dfrac{(d-t)}{w}$
A.4		$L \approx \dfrac{\mu l}{\pi w} \int_h^h atan \dfrac{w}{2r} dr$

A.1　两条导线相互临近，直径相同。条件：I 不均匀，$s \sim r$。在施加电压的两条线之间间距接近 $5r$ 时（如它们之间的间隔小于导线半径的 5 倍），邻近效应会迫使电荷积累在相邻的一侧。邻近效应是一个依赖于频率的现象。当两个邻近的导线形成大小相等而方向相反的交变电流时，电流会融入最接近导线之间间隙的区域。当这种情况发生时，电阻会增加（以及电感）。在这部分的公式中假设电流分布是不均匀的，可以近似这个效应。

A.2　两个类似几何形状的矩形导线彼此相邻。条件：忽略边缘效应。这是一个常见的可用于 w 大于 t 但不显著的较小的导线形状。

A.3　在一个平面上小的矩形导线。条件：$w \gg h$，这个公式可以用于与一个平面有相对较大距离的一个小的矩形结构。

A.4　在一个平面上小的矩形导线。条件：$w \gg h$，返回路径是对称的并正好在导线下面。同 A.3。

再说，这只是一个近似值。对于几何形状是平面的而不是圆形的导线相隔相当大的距离时（$1 \gg s/l$，也适用于前面的公式），这个公式也可以使用。

参 考 文 献

1. Ruehli, A. E. Inductance calculations in complex integrated circuit environment. *IBM J. Res. Dev.*, vol. 16, no. 5, 1972.

2. Hoer, C., and Love, C. Exact inductance equations for rectangular conductors with applications to more complicated geometries. *J. Res. Natl. Stand., Sec. C Engineering and Instrumentation*, vol. 69C, no. 2, 1965.

3. Leferink, F. B. J. Inductance calculations; methods and equations. IEEE International Symposium on Electromagnetic Compatibility, Symposium Record, pp. 16–22, 1995.

4. Leferink, F. B. J., and Van Doom, M. J. C. M. Inductance of printed circuit board ground planes. IEEE International Symposium on Electromagnetic Compatibility, Symposium Record, pp. 327–329, 1993.

5. Leferink, F. B. J. Inductance calculations; experimental investigations. IEEE International Symposium on Electromagnetic Compatibility, Symposium Record, pp. 235–240, 1996.

6. Balanis, C. A. *Advanced Engineering Electromagnetics*. Wiley, 1989.

7. Ramo, S., Whinnery, J. R., and Van Duzer, T. *Fields and Waves in Communication Electronics, 3rd ed.*, 1994.

8. Grover, F. W. *Inductance Calculations*. Dover, 1952.

9. Paul, C. R. *Introduction to Electromagnetic Compatibility*. Wiley, 1992.

附录 B　球面坐标系统

球面坐标矢量 **A** 定义如下：

$$A = A_r u_r + A_\theta u_\theta + A_\phi u_\phi \tag{B.1}$$

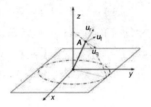

图 B.1　球面坐标系统

其中单位矢量对应图 B.1 中的单位矢量。

要从直角坐标转换到球面坐标，或者相反的过程，可以通过以下公式来完成：

$$x = r\sin\theta\cos\phi \tag{B.2}$$
$$y = r\sin\theta\sin\phi \tag{B.3}$$
$$z = r\cos\theta \tag{B.4}$$
$$\theta = \arctan\left(\frac{\sqrt{x^2+y^2}}{z}\right) \tag{B.5}$$
$$\phi = \arctan\left(\frac{y}{x}\right) \tag{B.6}$$

对三个不同的坐标系统一个全面的概述可以在 Paul 和 Naster 的文章中找到[1]。

参 考 文 献

1. Paul, C.R., and Nasar, S.A. *Introduction to Electromagnetic Fields, 2nd ed.*, Wiley, 1987.

附录 C　矢量公式和恒等式

$$A + B = B + A \tag{C.1}$$

$$A \cdot B = B \cdot A \tag{C.2}$$

$$A \times B = -B \times A \tag{C.3}$$

$$(A + B) \cdot C = A \cdot C + B \cdot C \tag{C.4}$$

$$(A + B) \times C = A \times C + B \times C \tag{C.5}$$

$$A \cdot B \times C = B \cdot C \times A \tag{C.6}$$

$$A \times (B \times C) = (A \cdot C)B - (A \cdot B)C \tag{C.7}$$

$$\nabla \cdot (\nabla \times A) = 0 \tag{C.8}$$

$$\nabla \times \nabla \psi = 0 \tag{C.9}$$

$$\nabla \cdot (A + B) = \nabla \cdot A + \nabla \cdot B \tag{C.10}$$

$$\nabla \times (A + B) = \nabla \times A + \nabla \times B \tag{C.11}$$

$$\nabla \cdot (\psi A) = A \cdot \nabla \psi + \psi \nabla \cdot A \tag{C.12}$$

$$\nabla \times (\psi A) = \nabla \psi \times A + \psi \nabla \times A \tag{C.13}$$

$$\nabla \cdot (A \times B) = B \cdot \nabla \times A + A \cdot \nabla \times B \tag{C.14}$$

$$\nabla \times \nabla \times A = \nabla (\nabla \cdot A) - \nabla^2 A \tag{C.15}$$